教育建筑
规划与设计
中小学 1

陆金明　编

辽宁科学技术出版社
·沈阳·

目录

校园的尺度   005

杭州未来科技城海曙学校——水泥森林中的理想家园   008
杨柳郡社区小学与幼儿园——探寻"天空之城"   020
杭州古墩路小学——多彩、交错的"城市绿洲"   030
香港法国国际学校——活力都市绿洲，多彩学习空间   042
无形学校——人性化的梦想空间   050
上海同济大学附属实验小学——新镇语境与江南文脉   060
华润小径湾贝赛思国际学校——一座矗立在山林中的学府   076
哥本哈根国际学校——一所蕴含城市公共空间的现代化学校   088
南港学校——毗邻海港的大型综合社区   098
下妻市立下妻中学校——凝聚城市特色，打造青春回忆   110
上海大学附属宝山外国语学校——打造现代化整体性校园环境   118
矛田南小学——高标准国际小学   126
华中师范大学附属龙园学校——符合新时代需求，自然而开放的教学环境   136
义乌新世纪外国语学校——以小尺度营造呈现大格局与新视野   150
万科双语学校——满足素质教育需求的自然校园   162
广东省河源市源城区特殊教育学校——村中"村"   172
温州道尔顿小学——由老厂房改造而成的精品小学   180
马尔伯勒学校——一个与商业建筑和谐共处的校园   198
法语学校——实现了历史与现代对话的场所   214

索引   223

校园的尺度

记得小时候就读的小学是由一座有百年历史的寺庙改建而来的。学校的大礼堂就是原先寺庙的大殿，由十几根巨大的楠木柱支撑而起。大礼堂的巨大室内空间既是学校召开集体大会的地方，又是我们的风雨操场。已经忘记了的礼堂的具体模样，但那宏伟的尺度还是深深地印在脑海里。除了大礼堂，校园里让人印象深刻的，就是教学楼前的那些大树了。那是一片榆树林，都是参天的模样，树下的空间是我们最核心的校园，也是我们的乐园，很多课间活动都是围绕着这片树林展开的。后来，随着镇上的小孩子越来越多，小学需要扩建，以增加更多的教室，也因为其他种种原因，大礼堂和树林相继消失。长大后，再回到校园，它已是和大多数学校相同的模样，平淡无奇。

随着城市化进程不断加速，这些年建了很多学校。受用地紧张、应试教育和教学方式的影响，我们的中小学校园普遍不太注重学生发展的需求、校园的空间联系、适应新教学方式的创新性空间等方面的要求，往往会忽略新的教学方式对中小学校园空间和形式的要求，从而导致现有的校园建设模式无法适应教育发展的需求。大多数校园都套用既有的设计模式，缺少创新和个性，导致校园面貌千篇一律。这也使得我们对教育建筑的认知有太多边界被固化，容易走进某种类型化的固定模式。去年参加重庆大学建筑管理学院针对教育建筑的交流，与会人员大部分是教育主管部门的领导和校长。当时我分享的题目是《每一个校园都是独一无二的》。当我把我们设计的几个学校分享完毕，领导和校长们都很诧异，为什么我们做的这几个学校不是大家脑海里学校的样子，并且各自相差巨大。我说："其实不是我们刻意将这些学校设计得不一样，而是它们本就各不相同。它们有不同的教育理念和办学特色，不同的建校历史和传统，不同的基地环境……那么，各自的校园就应该有不同的样子。"

校园俯视图

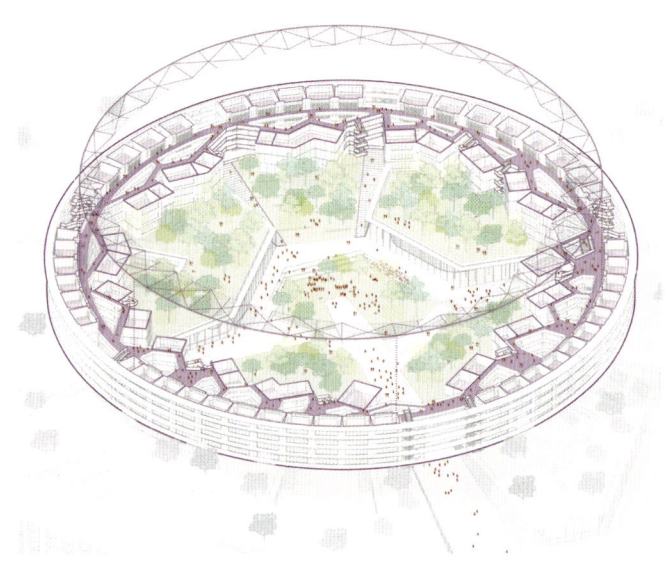

校园轴测图

重庆南开两江中学就是这样看起来不太一样的学校,像是一艘凭空降落在地球的飞船,颠覆了我们对传统学校的认知。但它并不是一开始就是这个样子的,整个设计也并非靠建筑师凭空想象而来,而是一个多方协力的过程。两江新区政府作为投资方和建设主导方,首先明确了要建设一座高质量教育设施的决心。学校的实际运营方南开中学是重庆中学的旗帜。田祥平校长是一个对教育有深刻情怀和远见卓识的教育家,在他的带领下,学校上上下下都在努力践行南开创始人张伯苓先生的公能教育理念。而我们,也难得可以和建筑的最终使用方进行非常深入的沟通和交流,这在我们的设计中其实是不常见的,我们自然也很珍惜这样的机会。设计伊始我们就多次到学校本部参观,了解校园入口的"紫气东来",三友路津南村桃李湖背后的故事;和校长以及各学科主任交谈,了解他们如何综合统筹课程体系,在"必修课—选修课—自修课"相互联动的课程体系中实现多元发展的教育理念;查阅学校历史文献和图像资料,了解学校从创立到现在,是如何一步步发展而来的。我们甚至还去看了描写张伯苓先生教育兴国的电视作品,去理解他提出"允公允能、日新月异"的历史背景。当我们了解的信息越多,身上的责任就越重,我们不能辜负这份沉甸甸的使命。这也曾一度使我们陷入混乱和迷茫,太多的传统和期待我们都想放进新的校园里。直到有一天,我们在草图上画了一个圈儿,似乎所有问题都迎刃而解了。集约的环形布置主要教学设施,既能完美适应"十分钟校园"的转课机制,又能在教学区空出一大片绿地种植花草树木。在传统校园中,自然与教育像是两个独立的系统,天然被阻隔,而在这里,我们希望将一片完整的自然引入校园。环形教学楼外是如同森林的状态,隔离城市喧嚣,环内设置中心花园,叠落起伏,同时充分确保内外的通透与关联。动静有致的校园,成为课间十分钟的活力催化剂。环形教学楼内部还布置了十几个大大小小、形态各异的内庭院,穿行其间,高低起伏。此外,不光是在平面上将教学单元环状集中串联,我们利用场地原始高差,也在竖向空间上充分复合。用特别重庆的方式处理多首层的流线关系,将大部分屋顶利用起来,成为上一层的花园。这些复合的集约处理手法,也为我们实现南开"三育并重,特重体育"的体育强国教学理念创造了足够多的外部空间。校园内超额布置了多种运动场地,环形屋顶也被利用起来,布置了学校内除400米和200米之外长为628米的环形步道。当我们第一次把环形方案以对比方案的形式放到学校面前时,其实内心是忐忑的,虽然列举了这种方案的诸多优点,但也确实存在许多亟须解决的问题。当我们就要被这些问题逼得打退堂鼓时,田校长坚定地给予我们鼓励,让我们深化环形的"十分南开"方案。他希望我们能尊重学校的传统,但更要面向未来,就像学校"允公允能、日新月异"的校训那样,不要被学校光辉的历史捆住手脚,而要站在未来的视角从历史中学习,并最终完成符合当下、符合场地的设计。

关于重庆南开两江中学的设计,还有很多值得分享的点滴,但在这我还是回到主题,说说校园的尺度。尺度这个词,在这里应当包含两层含义:一层是物理空间尺度,另一层是思维及审美的尺度。物理尺度比较容易理解,也就是空间的大小,这几乎是当下所有中小学设计都会面临的一个问题——用地紧张。如何在有限的用地空间里去营造更富有张力的校园？集约化设计是其中非常重要的手段。所谓集约化就是疏密有致，能密的地方要足够密，实现功能复合、空间多用，腾挪出来的空间可以给运动设施，也可以还给自然。思维及审美的尺度，说起来就复杂一些，这也是前面我提到的关于当下很多学校建设千篇一律的问题。在我们设计重庆南开两江中学的过程中，对这一点体会非常深刻。其跳脱传统的空间塑造，得益于校方对设计想

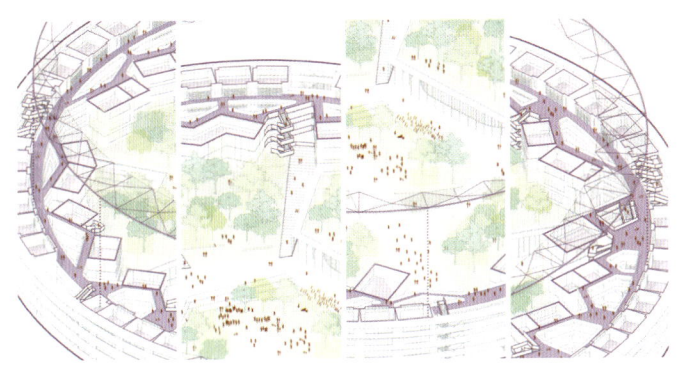

局部放大轴测图

法的极大包容。不管是面对宏观的方向性决策，还是关系校园学习生活的诸多细节，校方都耐心聆听和肯定我们的思考与尝试。面对创新带来新问题、新挑战，学校领导和老师们都坚定地同我们站在一起，共同想办法找出路，这是我们敢于既破又立的勇气之源。正是这样的设计经历使我们相信，我们应当在更深邃的思维层面和更宽广的审美尺度上去思考和设计每一个校园，应该在校园环境、空间、建筑形象等方面找到每个校园最独特的出发点，其校园个性和特色不仅仅通过规划布局、建筑形象和建筑空间的独创性来表达，更应在理解教育模式、地域文化、时代精神后，赋予学校以深刻的内涵，使每个校园都有自己的特色。而我们的社会，也应有足够的心理尺度去接受每个不一样的校园。

中心校园局部内景

校园的尺度就是教育的尺度，每个学校不一样，每个学生也不一样。当孩子们长大后回望陪伴自己成长的校园时，会觉得自己的那个校园是最独特的，也是最美的。

——吴彦　gad 重庆合伙人，设计总监

建筑面积：44,900平方米
项目地点：中国，杭州
建筑设计：零壹城市建筑事务所
设计团队：阮昊、陈文彬、沈斌、尹勇、吴时阳、王继鹏、夏炜、吴涛、邓皓、蒋蕾蕾、李会、陈志林、范笑笑、陈杭君
合作单位：浙江省建筑设计院
摄影师：苏圣亮、吴清山
完成时间：2017年

杭州未来科技城海曙学校
—— 水泥森林中的理想家园

项目概况

在现在的城市中，经常可以看到年纪小小却压力重重的孩子，传统的校园让学生们早早地进入了以成年人为模板的空间环境中。一所城市里的学校应该长什么样？面临教育类建筑，零壹城市建筑事务所的设计师思考的是如何通过设计来打破传统校园的概念，给予孩子们这个年纪应有的快乐空间。

杭州未来科技城海曙学校位于杭州西部未来科技城板块，是一个包括幼儿园和小学的综合性建筑项目，它的建筑和室内由零壹城市建筑事务所一体化设计。学校的设计灵感来自儿童的绘画语言，孩子们笔下的理想校园充满了亲切的尺度和欢乐的街道，设计师由此出发，将28,000多平方米的体量打散成15个坡屋顶小房子，依照幼儿园、小学各年级不同的尺度与行为将建筑尺度逐渐变大，通过小体量的院落组合塑造一个体量亲切、尺度宜人的舒适校园。

建筑群体主要由教学楼、行政楼、体育馆、食堂等几部分组成，通过连廊、内院、不同开敞程度的廊道将各个功能空间串联起来。而廊道、楼梯这些教室以外的空间不仅仅作为教室的连接，更是孩子们相遇的地方；操场、屋顶也不仅仅是字面体现的功能，而是孩子们沟通交流的空间。学校作为一个小尺度的社会，孩子们在里面通过亲身经历建立起自己的社会意识。

东南鸟瞰图

总平面图

1. 幼儿园教学楼
2. 小学教学楼
3. 食堂
4. 风雨操场
5. 行政楼
6. 连廊
7. 篮球场
8. 操场
9. 看台

适合不同年龄段的小尺度房子

这是一所能满足 27 个班的小学和 12 个班的幼儿园各项功能需求的学校。幼儿园、小学由南到北分布，建筑高度也相应地逐渐变高，以满足不同年龄段学生的活动和不同身体尺度对空间的需求，学生对校园环境的感受也更加亲切。同时，富于变化的小房子打破了城市僵硬的建筑排布，丰富了建筑天际线的变化。

小体量围合出各具特色的内院，而建筑体量之间又营造出有趣的街道空间。内院和街道的组成模式让教学楼建筑之间的连接围而不合，也使室外空间富有趣味和层次，为学生课余的活动空间创造了丰富的可能性，更加切合孩子的感受。

幼儿园是独立的 U 形院落，像张开的臂膀给孩子们围合的安全感。院落中的彩虹跑道与建筑颜色相呼应，营造一个五彩斑斓、无拘无束和奇思妙想的空间。建筑的小房子形态被延续到室内，自己画笔下的形状在这里出现，使孩子们在对建筑的好奇中得到对家以外世界的美好初感受。

小学分为南北侧两部分，分别对应低年级和高年级的教学空间。南侧教学楼在建筑形态上由 4 个四层的单元连接形成半围合的庭院，朝向中心步道广场打开，从中心步道走进内院到教学楼内部，引导着孩子们对校园空间的探索。北侧教学楼则整体体量较大，最高的建筑面向城市干道一侧，体块相对统一规整，呼应城市界面。

另外，设计时也有意地将建筑走道和公共空间进行放大。南北两侧的小学教学楼与食堂通过连廊相连（一、二层均相连），连廊东侧以坡度处理，自然过渡至一层并形成半围合的小尺度活动空间。在架空的连廊满足双层交通空间的同时，放大尺度的平台和廊下围合的庭院也为学生创造了更多的室外活动空间。

富有辨识度的多彩山墙

在整个以浅灰色和白色作为基调的建筑群中，山墙成为学校一个鲜明的识别特征。每个山墙面在形态、颜色和材料上都各具设计特色，这些以黄、绿、橙等明快颜色点缀的山墙面相互交错组合，丰富了轻松活泼的校园空间氛围，也增强了各个区域的归属感和辨识性。

在此基础上，将其中的 5 个建筑单体的立面以深红色呈现，让校园质感不失统一，又富有节奏。孩子们可以根据不同的山墙面去描述位置，形成孩子们心中对于校园的有趣的认知地图。

整个校园及建筑将人的体量与场地，孩子们的成长和情感结合在一起。"小城故事"式的规划让孩子们在童话般的小镇中穿梭徜徉。

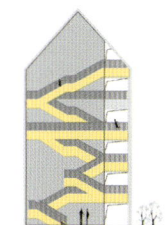 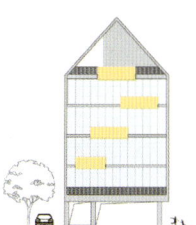 

 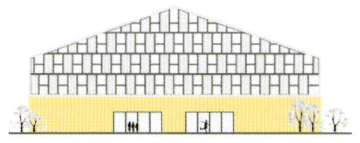

山墙

可自由探索的趣味屋顶

为了给孩子们提供更多的趣味活动空间,设计师采用双坡屋顶形式的建筑体量,根据每个屋顶空间的特质,结合相应的学生群体特点进行空间设计和活动规划,创造了许多屋顶活动空间,可以让孩子们自由地探索和创意使用,如躲猫猫的游戏场地,认识植物的种植园,听老师讲故事的小剧场,安静读书的阅览室,肆意奔跑的跑道等。

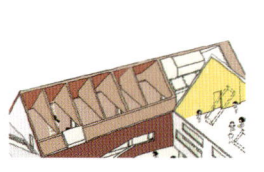
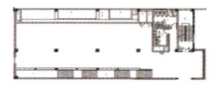

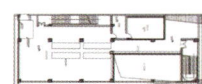

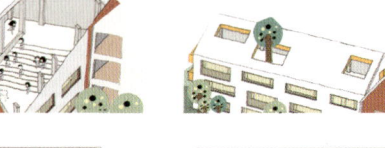
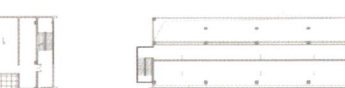

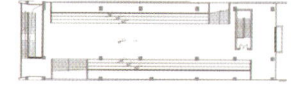

屋顶空间

建筑面积:17,286 平方米
项目地点:中国,杭州
建筑设计:gad 设计
设计团队:王晓夏、王磊、王岭、吴丹、张吉宇
完成时间:2018 年

杨柳郡社区小学与幼儿园
——探寻"天空之城"

项目概况

当代社会对于亲密关系的定义早已超越了血缘与法律的界限,其更多是一种价值观认同下的归属感。

当美好的人、美好的信仰在美好的空间中相遇,彼此交融成长,便滋生出一种安放身体、关乎情感、抵达精神的社群关系。

杨柳郡是一座"天空之城",它将学校和幼儿园置于社区的整体环境中。它让教学与游戏空间散落在每一个角落。在这里,孩子们嬉戏追逐、欢乐探险,用稚嫩的脚步丈量"天空之城"……翩翩骏马去,自是少年行。或许这是关于成长最美的注解。

为成长赋能

在城市化进程中,人与人之间正经历从未有过的亲密与疏离,生活也正经历从未有过的丰足和贫困。社区是城市化加速的产物,杨柳郡社区小学与幼儿园希望输出一种更富有人性关怀的社群模式。3 座建筑的容积率仅为常规教育建筑的 1/2,在高密度住宅区里开辟一隅自然,通过教育与居住、休闲资源的有机共生,能打破固有的空间界限,探寻"天空之城"——这正是我们对于未来社区生活方式的再思考。

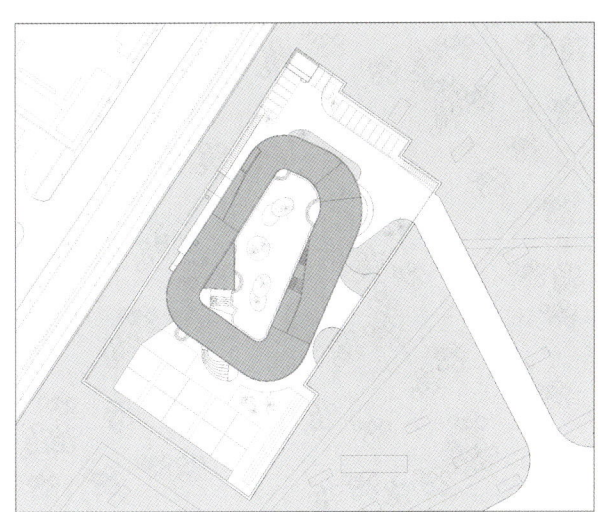

西幼儿园场地图

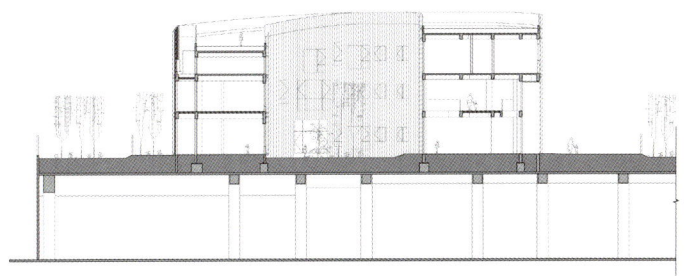

西幼儿园剖面图

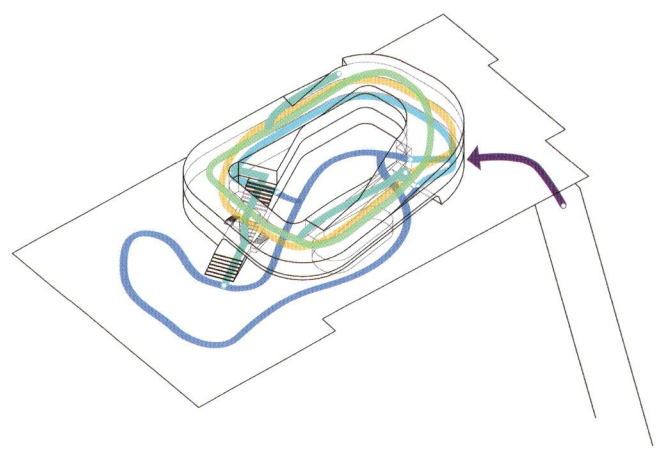

西幼儿园流线图

"上房揭瓦"

社区西幼儿园位于杨柳郡西南尽端的城市公园中央。其顺应场地成环形布局，建筑自西南至东北角，由两层的体量过渡至三层，平缓、舒展的建筑形态，使得室外台阶和室内环形走廊形成一个连续的活动平台，让孩子们一下课就能"上房揭瓦"。

建筑仿佛是散落在城市公园里的雕塑，舒展着轻盈、柔和的体态，将环境纳入麾下，引发人们反复探索的欲望。匀质细腻的双表皮演绎着光与影的变化，让最纯真的生活意趣在学习、游戏中流淌，让童年在爱和美中滋养出人类精神世界最闪亮的记忆。

与之相对的是社区东幼儿园，设计同样从空间体验出发，对动线进行了全新梳理，通过连廊将活动场地由庭院扩展到更开敞的城市公园，令孩子们在行走中不断收获惊喜，激发好奇心和创造力。

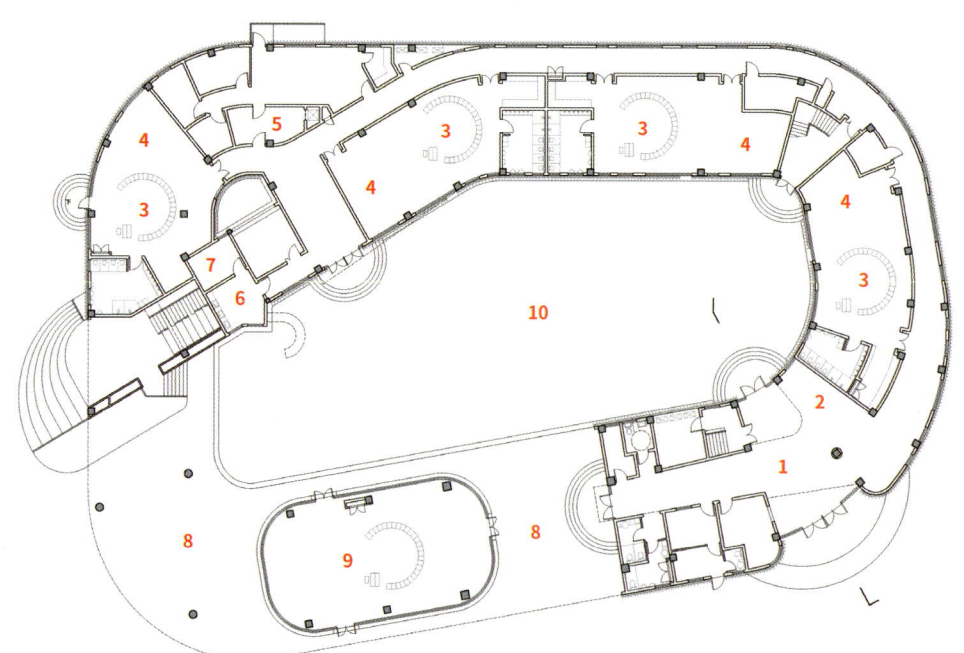

西幼儿园一层平面图
1. 入口门厅
2. 晨检区
3. 活动室
4. 卧室
5. 配餐间
6. 洗衣房
7. 消毒间
8. 架空层
9. 音体活动室
10. 室外活动场地

西幼儿园二层平面图

1. 专用活动室
2. 教师休息室
3. 卧室
4. 活动室
5. 配餐间
6. 会议室
7. 教具制作室

西幼儿园三层平面图

1. 活动室
2. 卧室
3. 副园长室
4. 园长室
5. 接待室

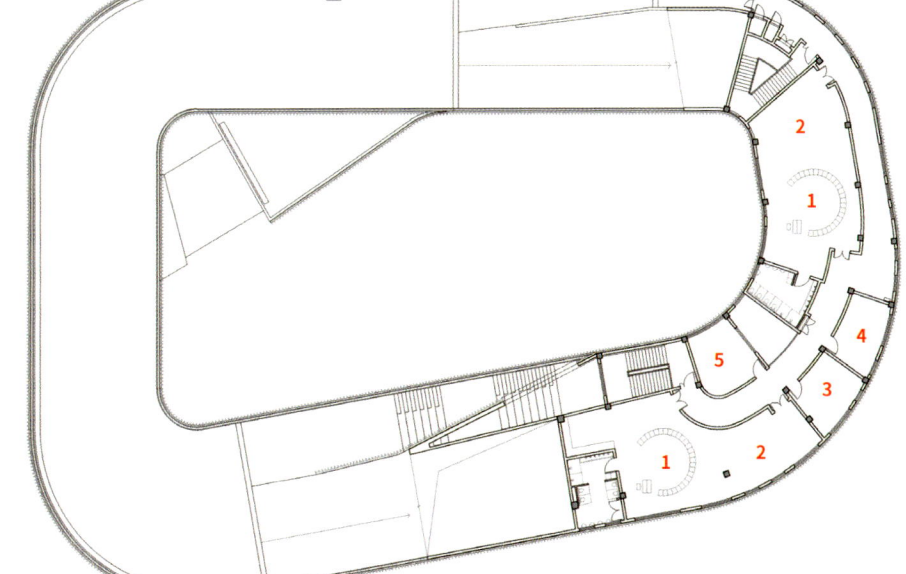

童趣在空间中穿行

小学作为"绿城•杨柳郡"居住社区的核心教育配套建筑,在设计时以自由无约束、互动多共享的理念,来作为设计的切入角度。以张弛有力的建筑手法营造出丰富的学习、生活空间,在密集的住宅楼间开辟一隅生机盎然、层叠错落的绿谷。

作为建筑基础的下部场站,早于本案设计开始就已施工完成。根据场地现状,设计时重新梳理了标高体系,提出"多重首层"的解决方案。学校送达层与公共区(如图书馆、活动中心等)连接,大阶梯衔接下沉的操场区,而教学区则"悬浮"于空中。

地景设计将充满创意的庭院空间和具有流动性的架空空间相融,形成了功能上互不干扰、流线上便捷联动的交通体系。围合院落里起伏的草坡、阶梯营造出生动有趣的公共空间,为各类具有开放性、探索性的教学提供了场地,让孩子们在自由、共融的氛围里,开启发现自然、感知世界的旅程。

小学生固然偏爱活泼多样的空间形态,但设计并没有直接使用符号化的儿童元素或具象化的建筑手法,而是于架空层注入大量廊道、平台、楼梯等非正式交流空间,令孩子们在如同时空隧道般的场景里漫步、玩耍、嬉戏、相遇,亲身体验这座"天空之城"。

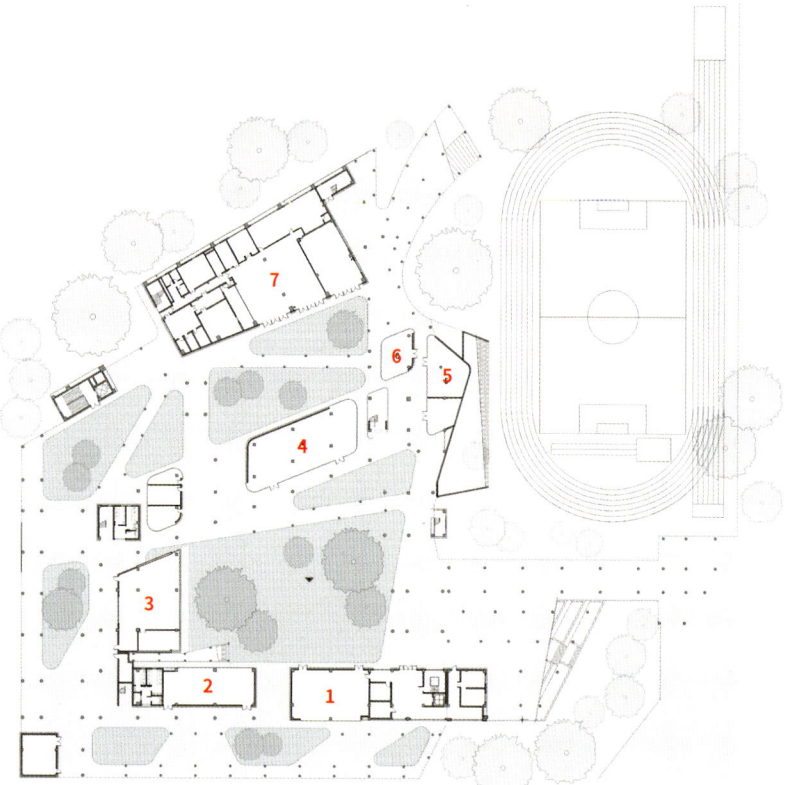

小学一层平面图

1. 礼堂
2. 多功能室
3. 图书室
4. 展厅
5. 创新实验室
6. 体育馆
7. 员工餐厅

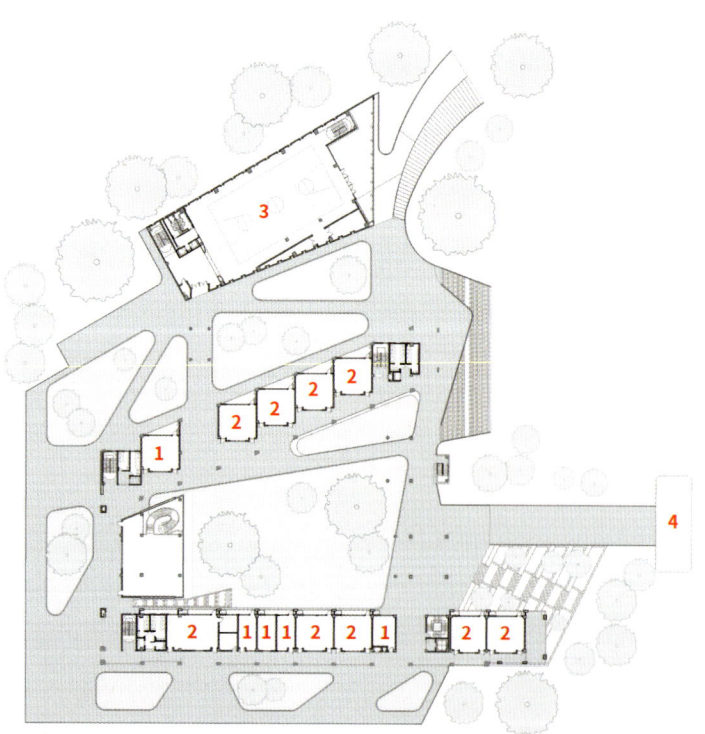

小学二层平面图

1. 办公室
2. 教室
3. 操场
4. 接待室

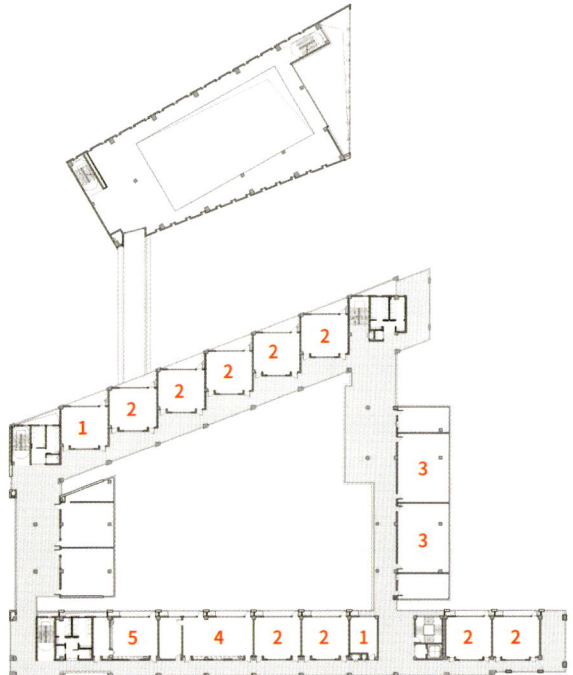

小学三层平面图

1. 办公室
2. 教室
3. 音乐教室
4. 科学教室
5. 广播室

建筑面积：34,000 平方米
项目地点：中国，杭州
建筑设计：GLA 建筑设计
主创建筑师：朱培栋、宋萍
设计团队：朱培栋、宋萍、傅冬生、
　　　　　吴海文、朱峰、林德鸿、
　　　　　钟叶青、徐凌峰、谢道清、
　　　　　周剑、丰建华、黄国华、
　　　　　余勤
景观设计：绿城爱境
摄影师：苏圣亮
完成时间：2017 年

杭州古墩路小学

——多彩、交错的"城市绿洲"

项目概况

杭州古墩路小学，位于杭州市余杭区良渚新城，定位为一所 36 个班的公办小学。用地的西南侧和东南侧为城市主、次干道，用地北、西、南三侧则为林立的百米高层住宅，周边环境呈现出高密度且均质化的城市空间。建筑师希望以这所小学的建设为契机，在为城市提供紧缺的基础教育配套设施的同时，还在周边令人紧张的鳞次栉比的水泥森林中植入一处"城市绿洲"，从而为社区，也为学生们营造一处能够身心放松地学习和游憩的场所。

总平面图

1. 食堂
2. 办公楼
3. 普通教学楼
4. 专业教学楼
5. 看台
6. 屋顶活动平台
7. 风雨操场

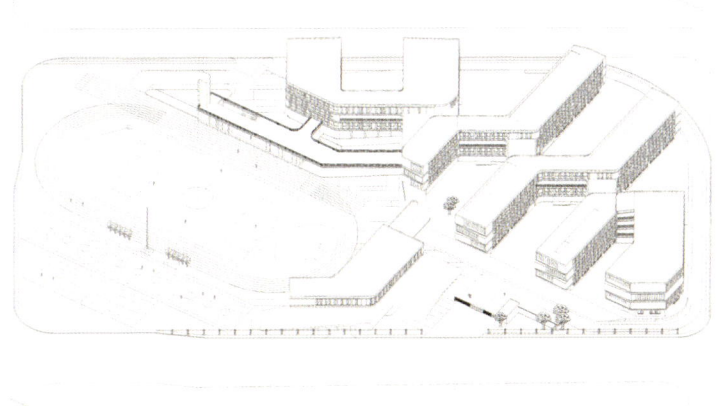

轴测图

修坡

为了与周边高密度的住区形成密度上的反差,建筑师首先考虑将教学空间尽可能地集中布局,以最大限度形成留白——充裕的室外活动场地和开敞空间。

在校园内部,以绿坡抬升等微地形塑造方式——将在田径场下方开挖地下车库的土方于西北侧堆出1.5米高的草坡,在平衡了项目土方的同时,也将学校内的主要建筑群塑造成架空于这一生态绿坡上的飘浮庭院,界定了教学区和运动区的空间属性。

抬高的建筑楼群在竖向上与田径场等开敞空间形成俯视关系,为师生们在课间时对田径场的观察营造了良好的视野条件。

交错

为了求得最为集约的建筑用地,以释放出尽可能多的开敞空间,在建筑设计之初,教室、办公空间、走道、食堂、图书馆等各类功能空间被视作一个完整的四层体量。进一步,根据各类法规和日照通风等要求对这一体量进行拉伸,在拉伸过程中,相邻的楼层以相异的方向进行转折和错动,从而构成了交织错落的形体关系。

传统意义上的校园,教学楼、办公楼、图书馆、食堂、风雨连廊等不同功能空间泾渭分明,而在这里,交错之后的建筑形体模糊了建筑楼栋之间的边界,同时也模糊了室内、走道、连廊、屋顶活动平台之间的界定,新的空间使用机会应运而生。

一系列的不同尺度的平台和灰空间在为教师和学生们提供了风雨交通的同时,也为学校教学和学生课余的空间使用模式提供了丰富的可能性。

功能体量的集中与
大片留白

错位拉伸与
形体雏形

体量转折和
场所生成

渗透

建筑单元的模糊与淡化，构成了围而不合的空间姿态。在平面和空间上均呈现出交错的建筑形体面向校园的周界，形成了多个尺度不一的院落。这些院落之间借助建筑的错层平台和洞口形成相互之间的渗透，为人的视线、行走路径以及空气和自然风的穿越都提供了有利的条件。

这所学校的空间实践将传统的教学空间、走道空间、连廊空间、平台空间的尺度进行了调适，强化了走道空间的尺寸，将其提升至 3.6 米，加强了其与室内教学空间的紧密衔接关系。大量易用易达的灰空间与教室紧密衔接，为孩子们提供了各种易于利用的拓展空间，鼓励他们自发自主地探索和创意使用。

绿洲

在高密度的社区之中，建筑师希望通过尽可能地还原绿地、活动场地等开敞空间，来构筑一处属于这个区域的孩子们的绿洲，与此同时，交错而多彩的学校建筑则通过丰富的架空与模糊空间，为孩子们构筑了另一种意义上的全天候功能绿洲。

普通教室
专业教室
食堂
行政办公
风雨操场

表皮

立面形式语言延续了层间体量交错的空间逻辑，结合简约现代的形式语汇，构成了杭州古墩路小学鲜明的识别特征——白色涂料的基调，层间分明的构造分缝，整体固定的玻璃窗扇，色彩缤纷的窗套及内凹开启扇。针对视觉、呼吸、移动等人的不同行为，以不同的建筑围护元素分别回应：采光固定扇带来了充沛的自然光线与完整的视野，减少了人工光源的干预，节约能源；彩色的铝板开启扇则为室内空气的流通和新风的获取提供了媒介；开启扇的窗套进一步构成了一种形式语言的秩序，不仅在教室一侧为室内提供通风可能，而且持续地以某种规律和节奏出现在开放式的走廊侧，使得建筑的南北虚实界面有了一种内在统一的整体感，丰富了走廊侧校园空间使用者的感知与体验。

在校园白色的基调中植入了同一色系的暖色系活跃色，并随着楼层的升高而逐层变化。大范围活跃色的介入希望打破常见的素色系校园给公众和孩子带来的刻板印象，尝试营造一种更为轻松的、活泼的校园氛围，为在此就读的孩子们营造一种非常的童年回忆。

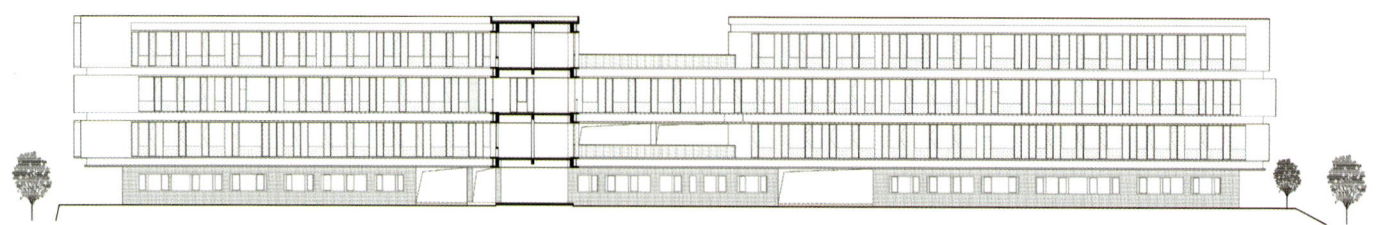

剖面图

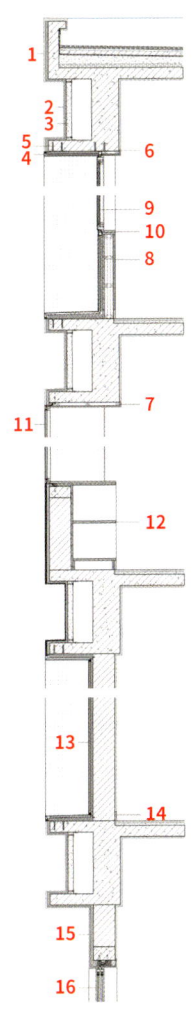

墙体节点图

1. 白色外墙涂料
2. 深灰色外墙涂料
3. 60 毫米 ×660 毫米预制 GRC 板
4. 3 毫米彩色铝单板内填充保温岩棉
5. 200 毫米 ×200 毫米 ×8 毫米预埋铁件
6. 1 毫米不锈钢折边
7. 9.5 毫米纸面石膏板上饰白色乳胶漆
8. 18 毫米松木板基层上饰 3 毫米白色亚光防火板
9. 650 毫米宽彩色铝板自保温开启扇
10. 25 毫米预制水磨石窗台板
11. 6 毫米 +12 毫米 +6 毫米双超白钢化中空玻璃（固定窗扇）
12. 18 毫米细木工板基层上饰 3 毫米白色亚光防火板（置物柜）
13. 3 毫米彩色铝单板（内填充保温岩棉）装饰窗格
14. 100 毫米预制水磨石踢脚线
15. 深灰色水平肌理劈开面砖
16. 6 毫米 +12 毫米 +6 毫米双超白钢化中空玻璃（推拉窗扇）

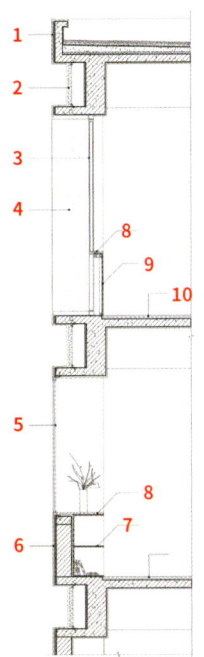
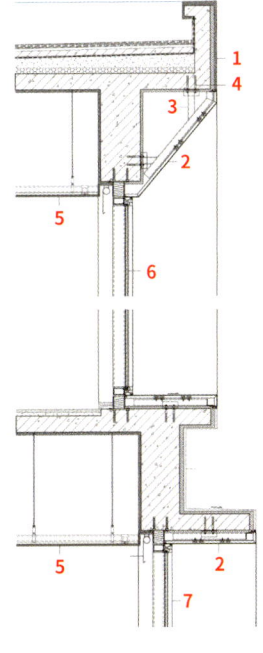

墙体节点图

1. 白色涂料
2. 深灰色涂料
3. 可开启铝合金窗扇
4. 彩色铝板
5. 固定玻璃窗
6. 深灰色金属漆
7. 开放储物柜
8. 大理石窗台板
9. 护墙板
10. 水磨石地面

墙体节点图

1. 白色外墙涂料
2. 3 毫米彩色铝单板
3. 50 毫米 +50 毫米 +5 毫米钢方管
4. 200 毫米 +200 毫米 +8 毫米预埋铁件
5. 12 毫米厚纸面石膏板刷白色乳胶漆
6. 6 毫米 +12 毫米 +6 毫米双超白钢化中空玻璃
7. 70 毫米 +150 毫米深灰色铝合金

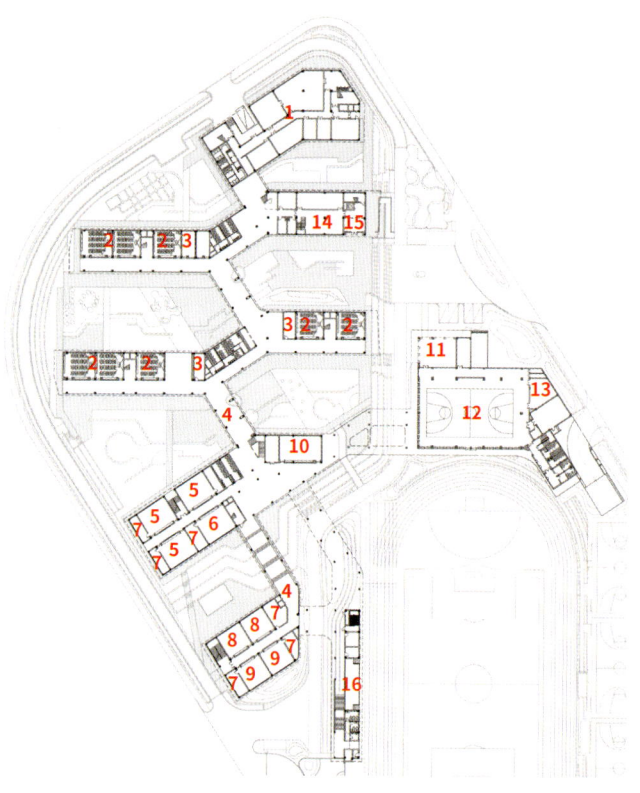

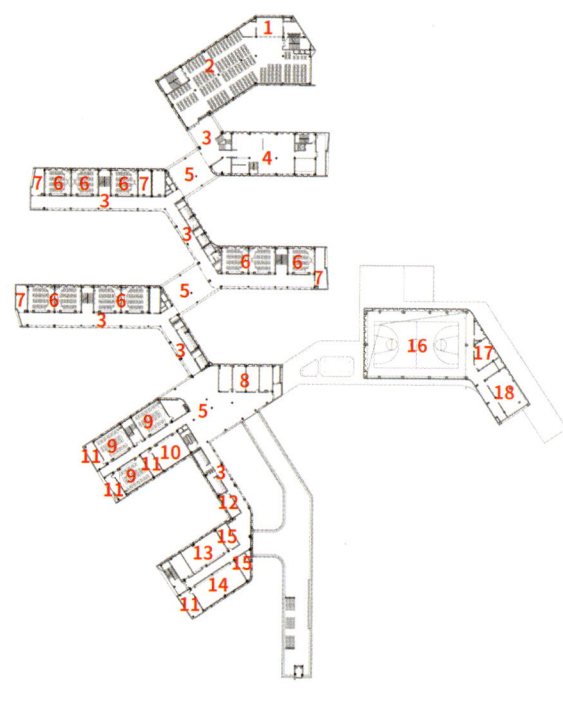

一层平面图
1. 厨房
2. 普通教室
3. 教师办公室
4. 架空活动区
5. 劳技教室
6. 储藏室
7. 准备室
8. 舞蹈教室
9. 音乐教室
10. 学生活动室
11. 家长等候室
12. 风雨操场
13. 体测室
14. 图书室
15. 行政门厅
16. 主席台

二层平面图
1. 配餐室
2. 食堂
3. 连廊
4. 阅览室
5. 休闲平台
6. 普通教室
7. 教师办公室
8. 科学活动室
9. 计算机教室
10. 语言教室
11. 准备室
12. 视听室
13. 微格教室
14. 合班教室
15. 乐器室
16. 风雨操场上空
17. 医务室
18. 乒乓球室

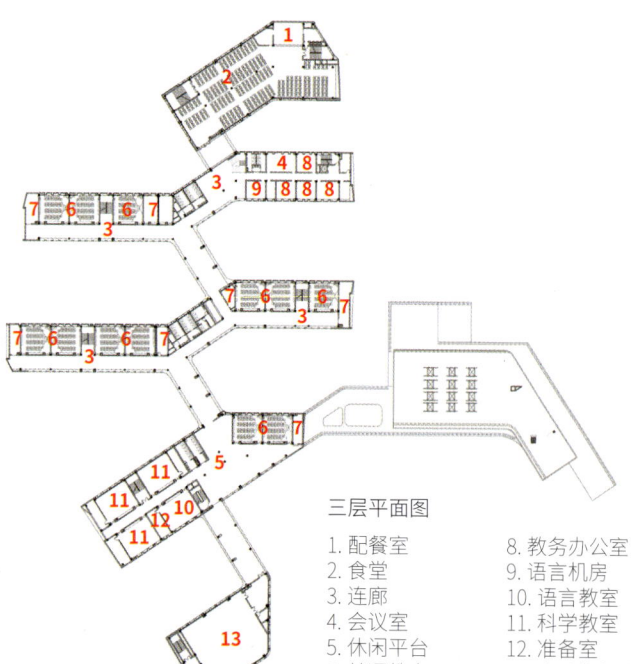

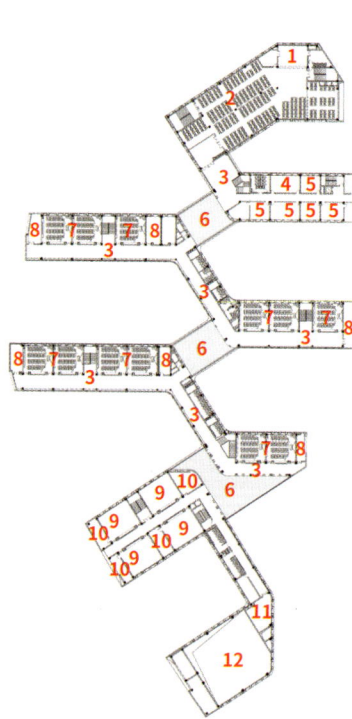

三层平面图
1. 配餐室
2. 食堂
3. 连廊
4. 会议室
5. 休闲平台
6. 普通教室
7. 教师办公室
8. 教务办公室
9. 语言机房
10. 语言教室
11. 科学教室
12. 准备室
13. 多功能报告厅

四层平面图
1. 配餐室
2. 食堂
3. 连廊
4. 会议室
5. 行政办公室
6. 屋顶活动平台
7. 普通教室
8. 教师办公室
9. 计算机教室
10. 准备室
11. 阳光房
12. 多功能报告厅上空

041

建筑面积：19,600 平方米
项目地点：中国，香港
建筑设计：亨宁·拉森建筑事务所
摄影师：菲利普·鲁奥
完成时间：2018 年

香港法国国际学校

——活力都市绿洲，多彩学习空间

项目概况

位于香港的法国国际学校的新校区如同高密度城市中的活力绿洲。学校可容纳 1100 名学生，营造了一个多彩的学习空间以及多文化教育的活力十足的可持续环境。该学校坐落于将军澳，于 2018 年 9 月建成，627 块多彩瓷砖构成了千变万化的建筑立面。该学校站在了香港教学创新的最前沿。

043

轴测图

可持续发展计划

校园在形式和功能上都以绿色环保为设计理念，为可持续发展奠定了基础。设计师充分优化了建筑形式和外立面，以适应当地的气候，同时通过被动方式减少能耗并提高舒适度。克劳德·戈德弗罗伊（Claude Godefroy）解释说："通过采用多种措施，从材料选择到被动式手法，再到与周围社区共享空间，旨在实现可持续发展目标。同时，学校为学生和本地建筑商教授可持续课程。"

在热带气候区，对日光的恰当运用格外重要。在确保所有空间得到适当的日光照射的前提下，还应注意遮阳效果，这对窗户的朝向以及遮阳功能提出了更高的要求。为了避免东西方向低角度的阳光直射，教室全部规划为南北方向。遮阳板的运用替代了窗帘或百叶窗，同时窗户也可以安装净玻璃，保证空间内纯正的日光色。

多文化社区环境

建筑立面的彩色瓷砖是对内部环境的物质表现。多种颜色设计为校园提供了可持续发展的形式和多元文化的视野，体现了其前瞻性和国际教育使命。法国国际学校为 40 个国家和地区的学生提供 5 种语言服务，是多种文化的交会处。课余时间，校园还充当着喧嚣城市中的一处静谧场所。一楼的体育馆、展览区、食堂和游乐场向公众开放。学校在晚上和周末也被允许营业，使其成了法国文化的灯塔。

047

"我们消解了传统教室模式,让老师和学生在一个更合作化的开放空间里一起工作学习。"设计总监及合伙人克劳德·戈德弗罗伊解释说。

小学部分由一系列被称作别墅的开放空间构成,每个空间容纳同一年龄段的小学生 125 名。这些空间环绕着一个用于小组活动与合作的中央广场。教师可以彼此开放课程,并共享一个中央广场。在这里,两个派别的课程组(法语和国际课程)可以合作并共同开发小组项目,旨在为未来的发展做准备。

室内布局图

建筑面积：2600 平方米
项目地点：西班牙，萨拉曼卡
建筑设计：ABLM 建筑事务所

无形学校
——人性化的梦想空间

项目概况

雷纳村坐落在萨拉曼卡市城区，在过去的几十年里，这一地区始终是本地的重要工业产区。近年来的转型计划使其声名鹊起。与此同时，这些变化在一定程度上破坏了城市规模，同时也改变了物质景观条件。

这座几乎看不见的学校引发了人们对这种人性化尺度的基础设施的反思，孩子们可以轻易找到能够触碰的空间以及他们梦想的地方。

从外观上看，建筑设计有一个大型的陶瓷基座，由 7 种颜色的垂直条纹结构组成。与此同时，庭院和操场的尺度在规划中也充分考虑了男孩和女孩的特异性和平等性。

建筑部分区域装饰着 StacbondR 复合铝镜面板。其颜色逐渐变淡，映射出美丽的天空影像，二层空间隐匿于镜面板之后，周边树木使得二层空间像变魔术一样消失了，从而使得学校回归到更人性化的尺度。

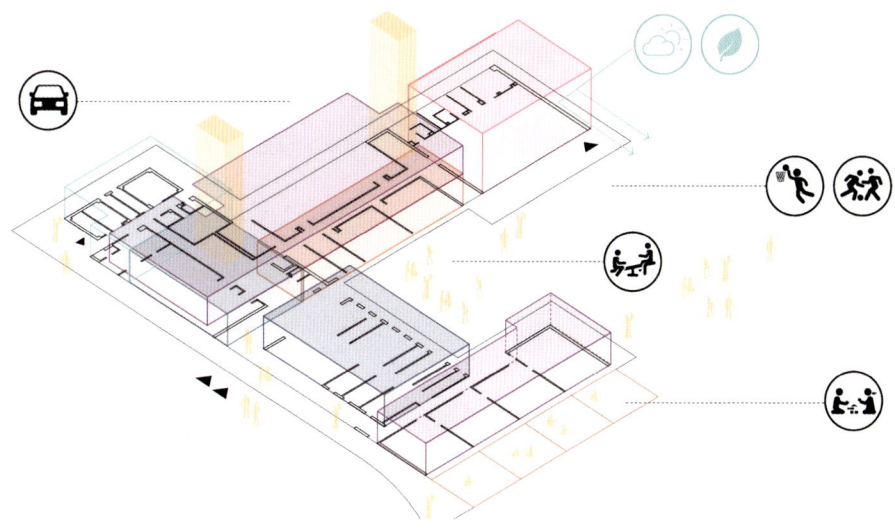

示意图
☐ 学前教育设施
☐ 管理区
　 私人活动区
☐ 图书室及食堂
☐ 一层教室
☐ 二层教室
☐ 体育馆

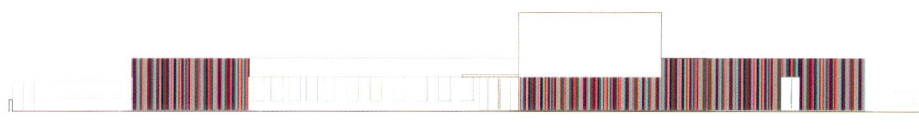

东立面图

北立面图

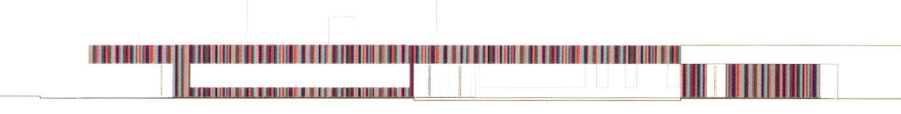

西立面图

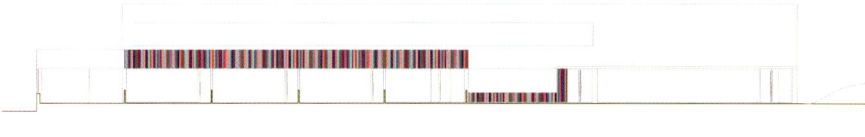

南立面图

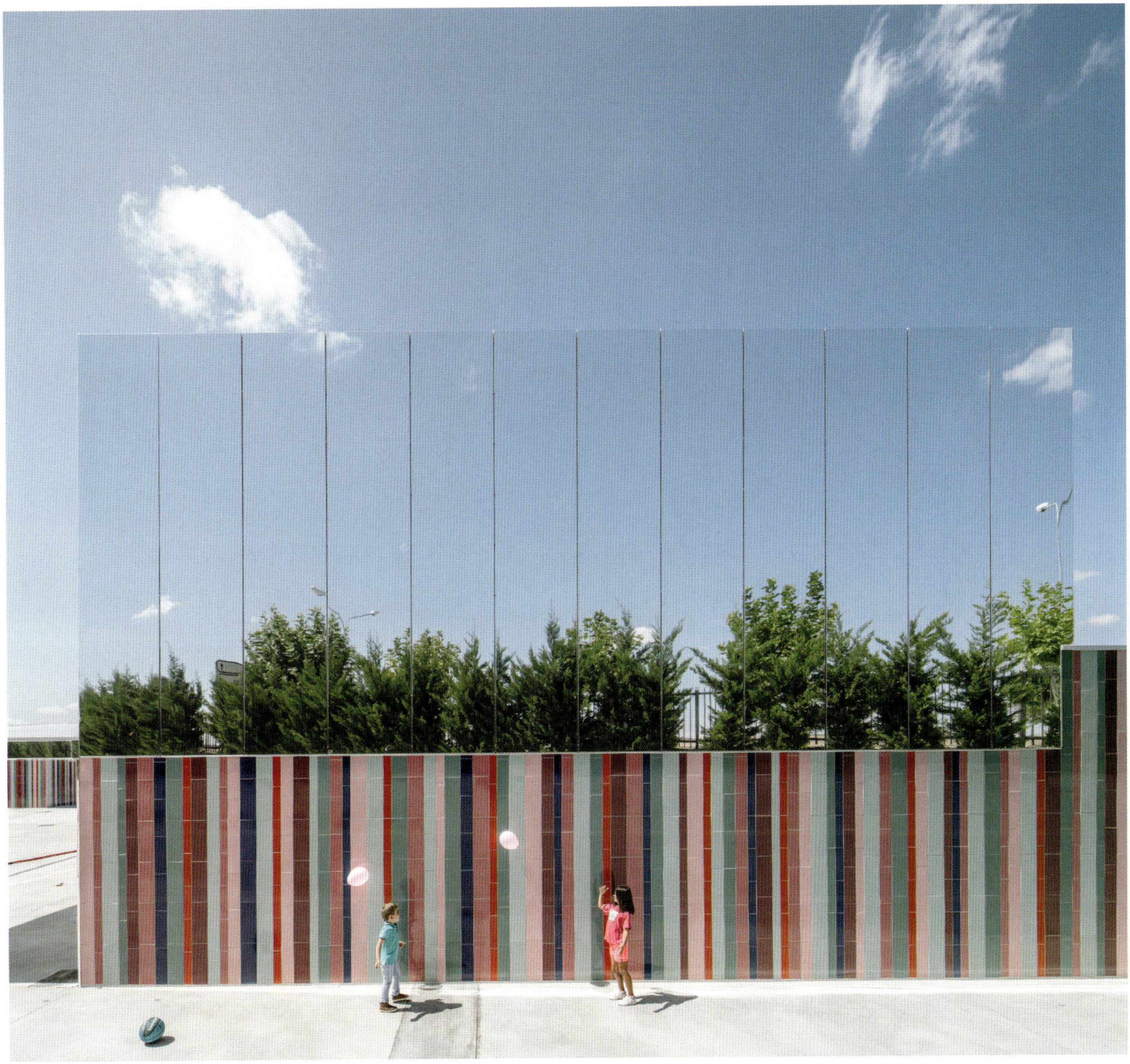

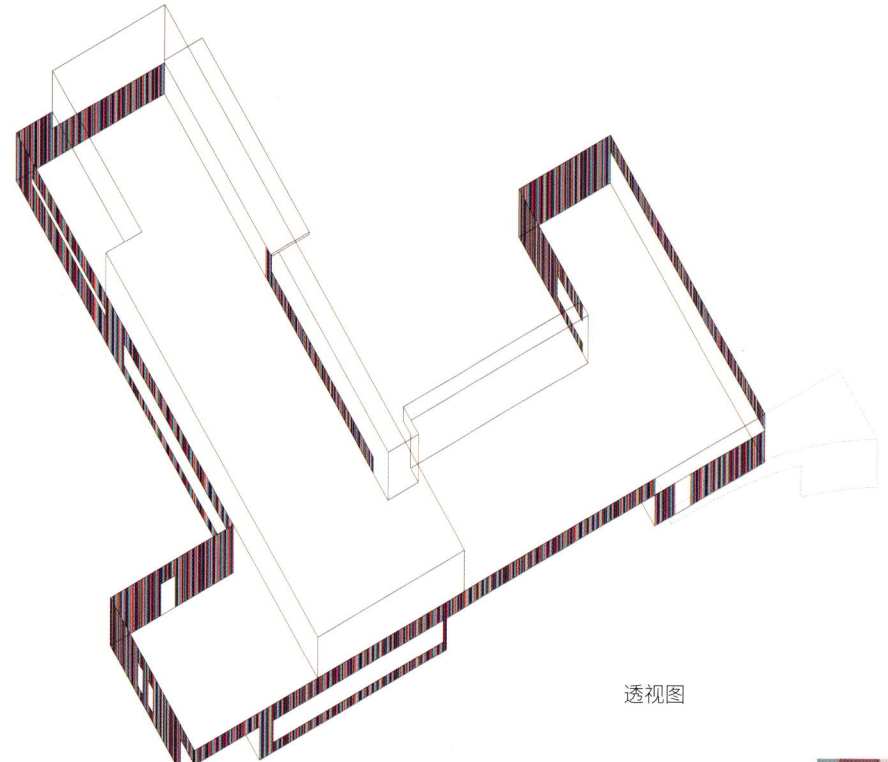

透视图

节点图

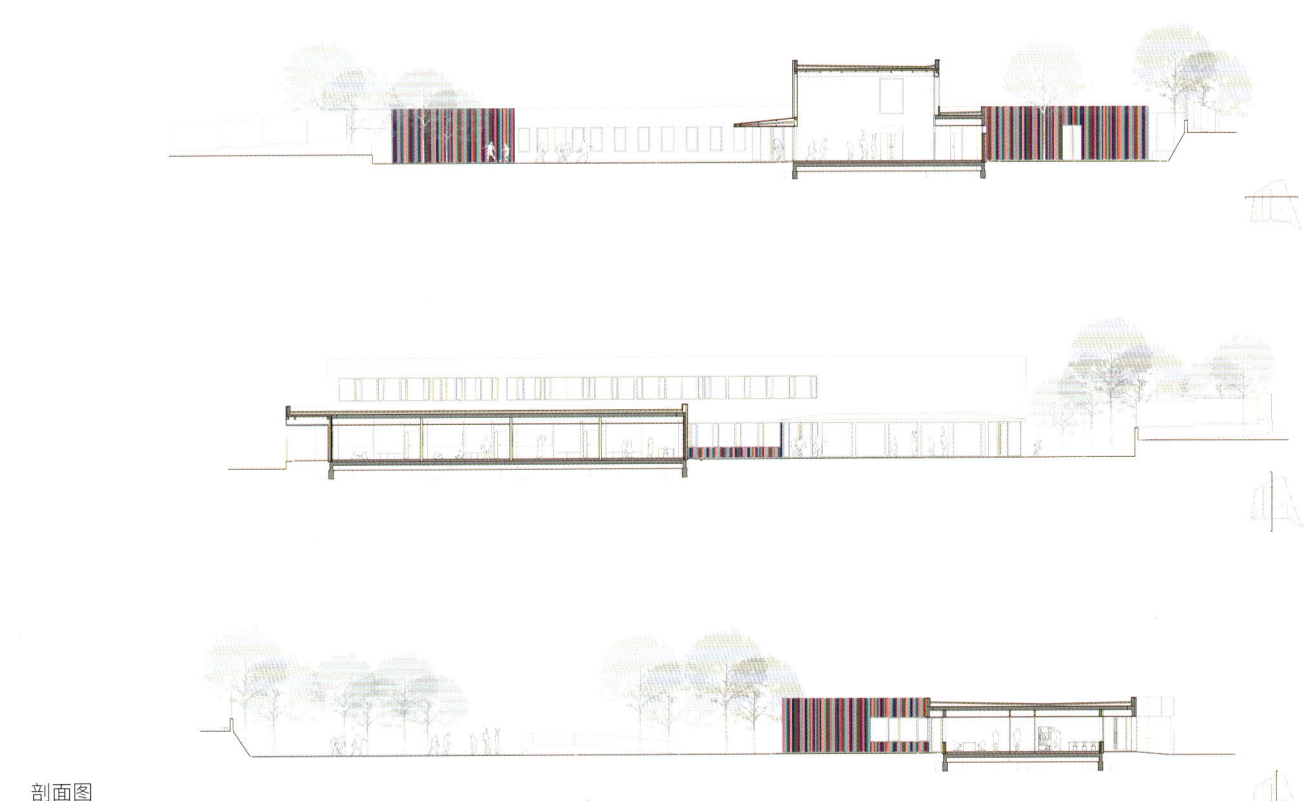

剖面图

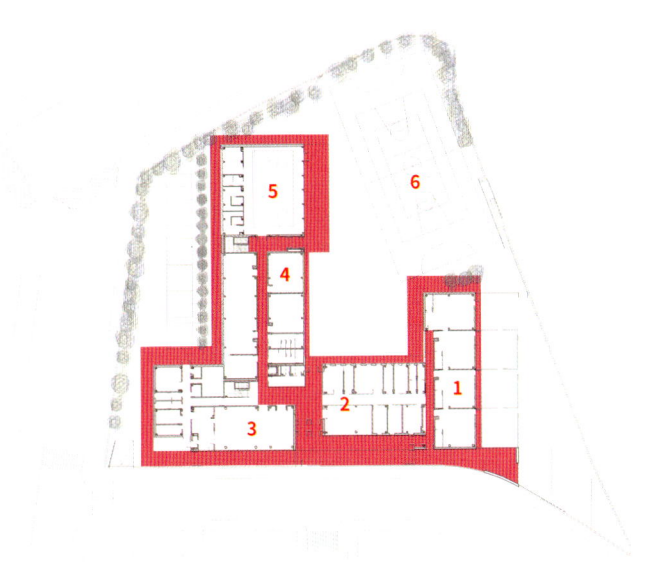

一层平面图

1. 学前教育空间　4. 教室
2. 图书室　　　　5. 体育馆
3. 食堂　　　　　6. 操场

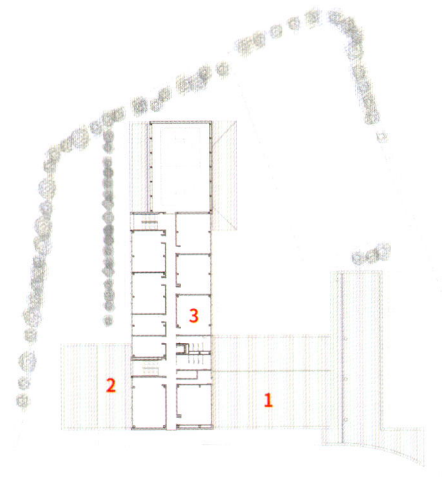

二层平面图

1. 管理区
2. 私人活动区
3. 教室

建筑面积：15,895 平方米
项目地点：中国，上海
建筑设计：刘宇扬建筑事务所
摄影师：陈颢
完成时间：2016 年

上海同济大学附属实验小学
—— 新镇语境与江南文脉

项目概况

上海同济大学附属实验小学位于上海嘉定区安亭新镇，主体建筑群由教学楼、综合楼、餐厅、风雨操场、架空连廊等几部分组成。设计延续了原有基地的建筑肌理，根据学校功能空间动、静的需求，通过不同尺度、不同开敞程度的庭院、廊道和运动场，将教学、办公、运动空间串联起来，建筑形态及外部空间的塑造注重与城市的融合。

学校位于安亭新镇门户的位置，为了应对较大的城市道路车流量，将操场设置在靠近主干道的东侧作为过渡，开阔的运动场也为城市提供了良好的景观面。操场旁边坡草形式的地台，从初始坡的概念演变为阶梯式，以植草台阶结合混凝土收边，既保有坡地的形式，又满足运动场看台的功能，是一种地景式的基础设施。

学校处于上海与江苏的交界处，设计时挖掘传统江南水乡的地貌特色，以院落空间布局的组织方式，使区域原有空间特质得以延续。建筑体量的后退释放，地势的自然过渡，建筑形态的高低变化均从大自然空间中获得灵感。与此同时，也打开了城市空间层次展示的一扇窗，在课间时，运动场、坡地草坪、平台、南向走廊等空间都是孩子们自由活动的场地。

总平面图

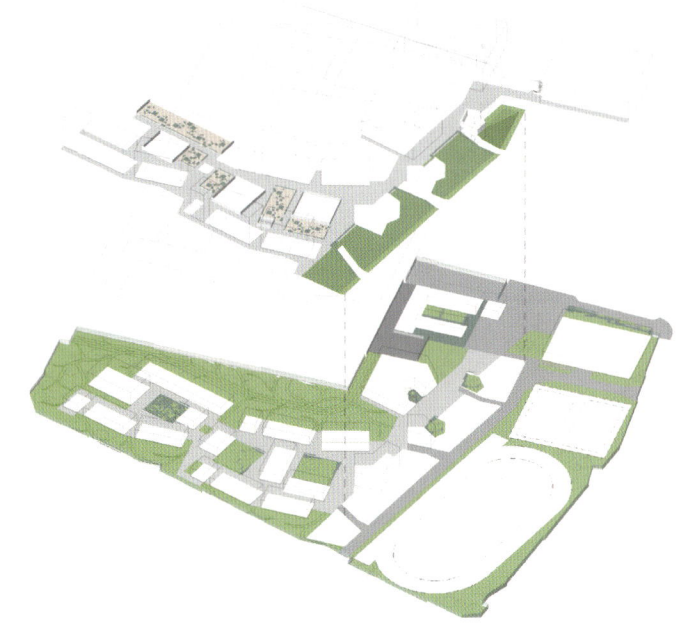

景观策略图

多重空间与主题庭院

学校的功能空间有动、静的不同需求，设计的重点是在空间关系上体现出变化和不同的可能性。团队充分考虑了师生的心理感受，空间设计注重收放，通过不同开敞程度的庭院、廊道、运动场地的有机组合，使室外空间富有层次感和趣味性。

多重空间的设置，引导孩子们在各种空间中探索。进入校园，先经过连接整个校园的连廊，3个五边形的庭院空间依次展开。半开敞的廊道具备双层交通空间，同时也是课间活动的重要空间。教学区设有人文、科技和艺术3个主题庭院，对间距、日照要求相对较低的3组专业教室环绕在庭院周围，餐厅、综合楼也各自设置天井式的庭院，引入天光。

在二层教学区，连廊扩展为大平台，平台上设置了若干个塑胶场地，这样三、四层的孩子可以直

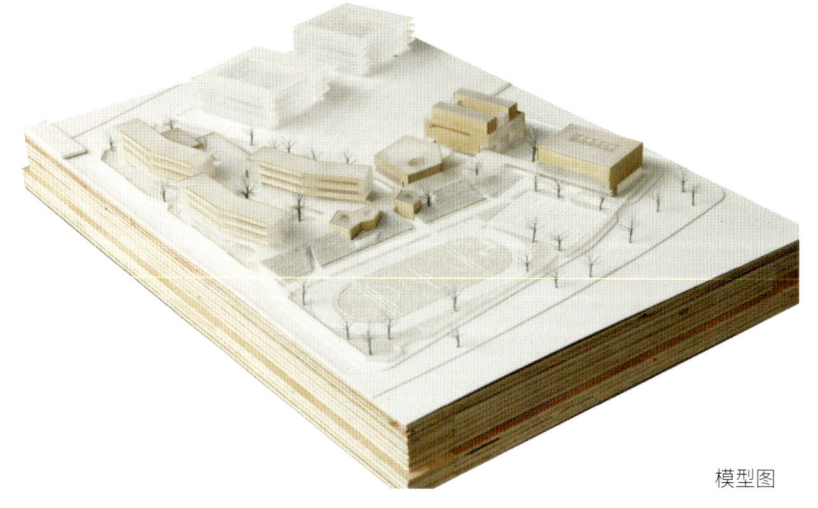

模型图

接在二层平台活动。塑胶场地的位置与底层的功能教室对应，功能教室的屋面排气通风口，在这里被设计成儿童座椅。二层平台东侧连接草坡，自然延伸至操场。

景观步道铺装使用了传统青砖，结合不同空间的特征选择差异性的几何图形，带来亦静亦动的乐趣。主题庭院中的步道以直线元素为主，从走廊的边界向庭院内延伸，而外围绿化中的步道多为曲线步道。教学楼北侧生态游园中的消防车道以同样的铺砖方式融合，犹如藤蔓从枝干延展出去。不同的树种分别立于入口广场和各个庭院之中，带给师生四季不同的空间记忆。

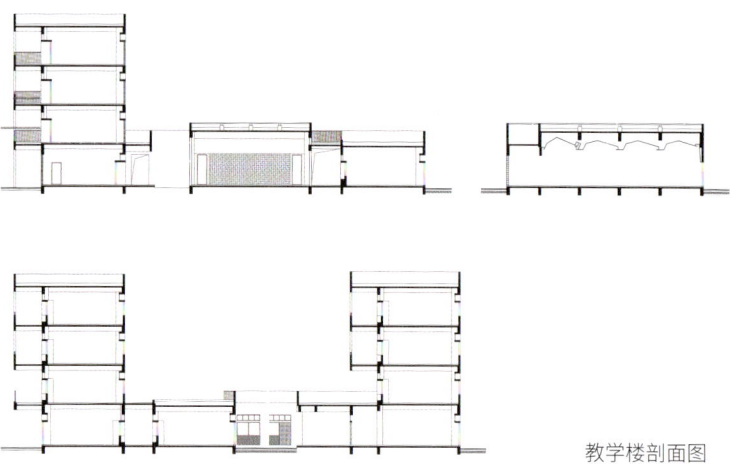

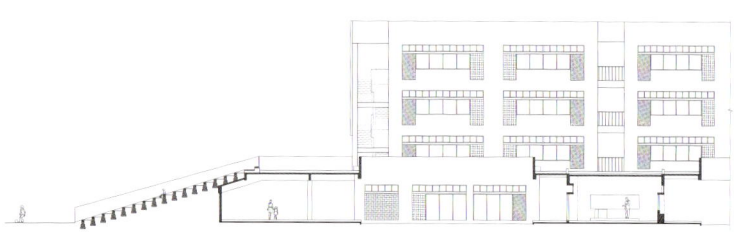

教学楼剖面图

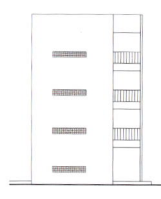

教学楼与坡道剖面图

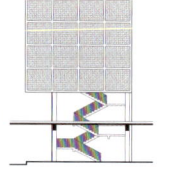

教学楼北立面图

教学楼立面图与剖面图

建筑单体与空间细部

教学楼

在教学楼形态的处理上，强调进深感和沿河立面的反光效果。每栋教学楼都根据规范要求和红线做了体量上的转折。南立面的宝蓝色釉面马赛克，在阳光下形成丰富细腻的视觉效果，并在大尺度的城市门户空间中形成一种消隐多变的体量感。

教学楼包括3栋长形体量，标准层均为4间教室，俩俩成组，转折处打开，与南向的室外走廊连接成一体，扩大走廊空间，也提供了视线北望的机会。东侧的楼梯也有空间体验上的变化：底层在平台下与庭院空间融合，到二层平台视线开敞，再到三、四层时，被混凝土砌块花格山墙包裹起来，形成半围合的状态。

教室南侧利用600毫米的墙体厚度，设置了300毫米和600毫米高的座面。空调外机藏于北立面的铝格栅之后，与之对称的部位使用玻璃砖，平衡立面构图，同时补充室内采光。

音乐教室与德育展厅

五边形的音乐教室和德育展厅作为特定教学空间，层高高于普通教室，同时设置天窗。音乐教室为两个五边形教室的组合，德育展厅则为五边形教室和五边形庭院的组合。

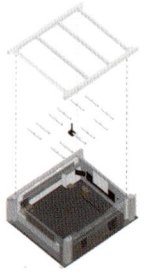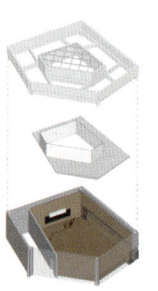

示意图

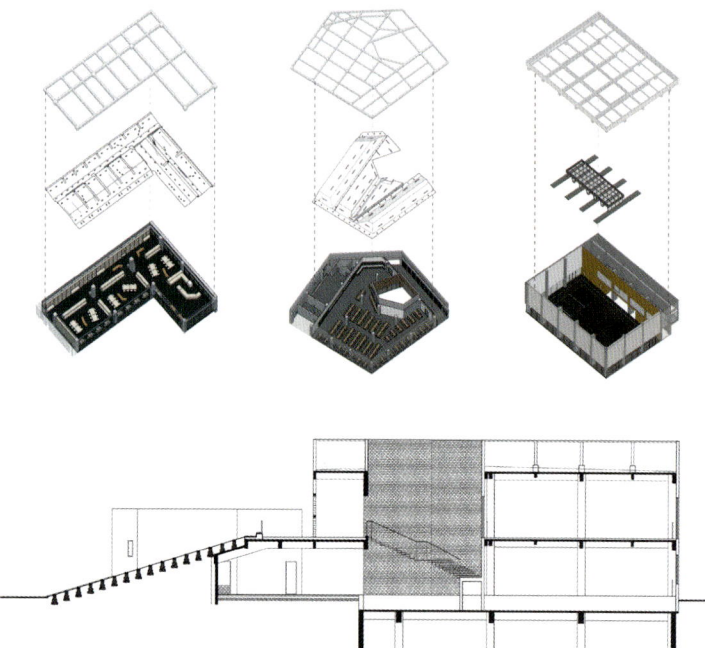

餐厅
餐厅同样以五边形平面作为原形,一层是厨房与教师餐厅,二层学生餐厅的南面和西面为连续的落地窗,视线开敞通透,分别面向生态游园和中学操场。餐厅与北侧行政楼、南侧教学楼通过连廊在一、二层均相连,连廊二层东侧的混凝土花格山墙形成半围合空间,增加了一些内敛气质。餐厅围合出的五边形天井引入天光,并与连廊中其他五边形庭院形成序列。这里采用了与教学楼相同的宝蓝色釉面马赛克,并设有折线楼梯通往二层。室内吊顶利用梁板空间向上形成折线坡顶,顺应建筑轴线方向形成了独特的吊顶形式,充分利用了室内净高。

综合楼
综合楼南北两排体量与走廊围合形成长方形庭院,南北立面白色实墙和东西立面混凝土花格山墙形成整体性的虚实对比。东立面的混凝土花格山墙与风雨操场白墙一虚一实围合成主入口广场。西立面混凝土花格山墙在解决遮阳的同时,也面向中学形成了完整的建筑界面。内部庭院立面材料采用宝蓝色釉面马赛克,首层西侧以玻璃砖正对庭院入口。

风雨操场
风雨操场是一个功能相对单纯的大进深运动空间。通过详细的日照分析和方案推敲,在立面3米以下的高度设置了三面采光和通风的大面积落地玻璃,在层高10米之上的屋面设置了挑高3米的大尺度天窗,并在天窗侧边安置可开启通气扇。

天窗下面的穿孔金属遮阳板,有效整合了结构、管线、灯具和幕墙构造,为校园里这个最大的空间提供了自然采光、自然通风的被动节能方式,使它成为整个校园里最好用、最舒适和最受欢迎的场所之一。

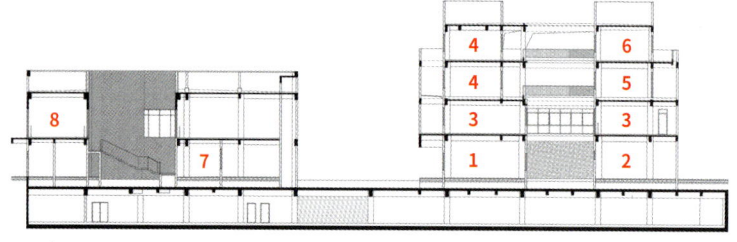

餐厅剖面图

综合楼和餐厅剖面图
1. 医务室　5. 会议室
2. 设备房　6. 活动室
3. 阅览室　7. 厨房
4. 办公室　8. 学生餐厅

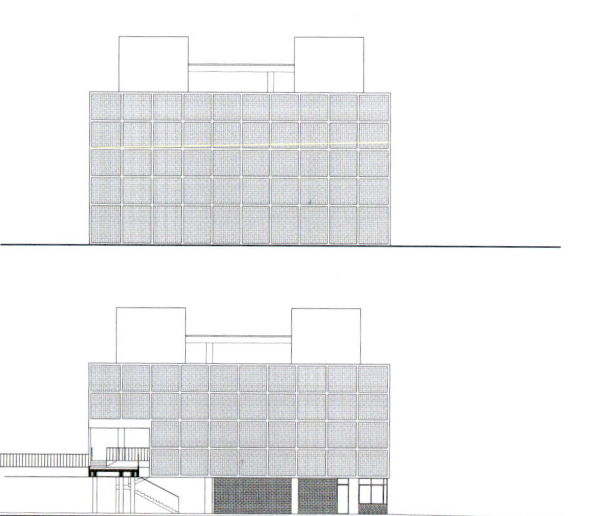

综合楼立面图

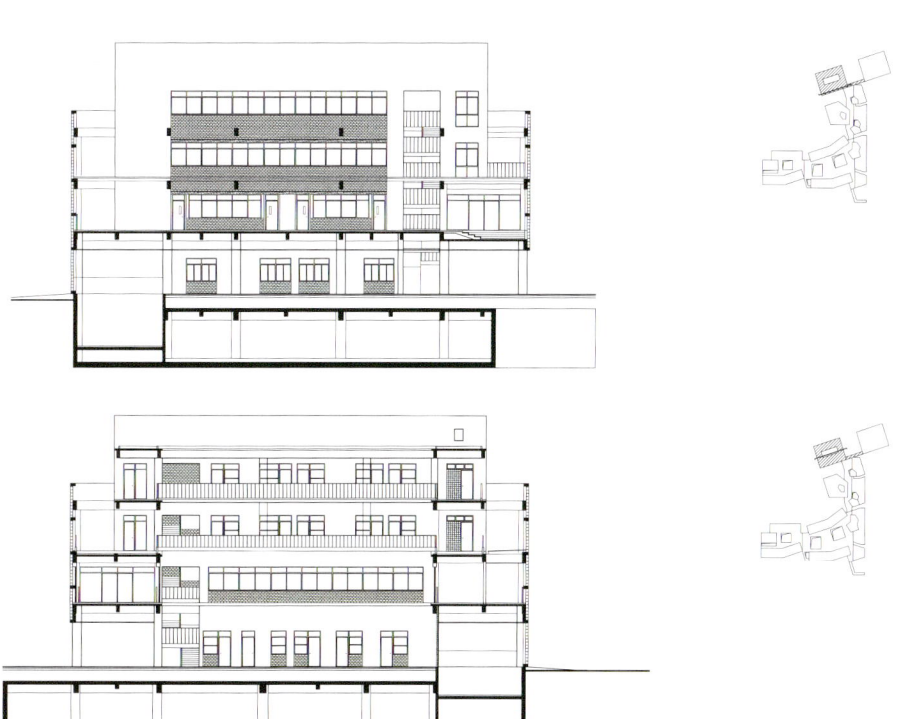
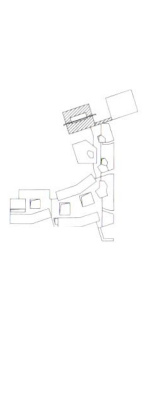

综合楼剖面图

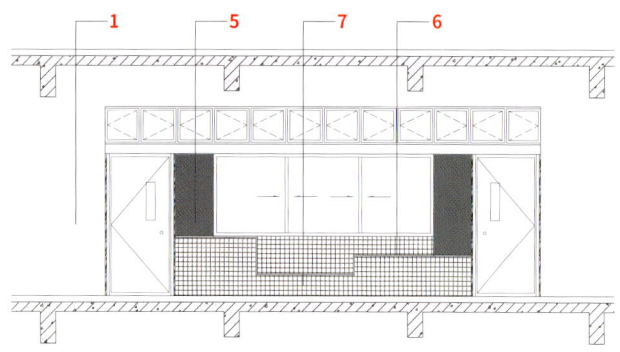
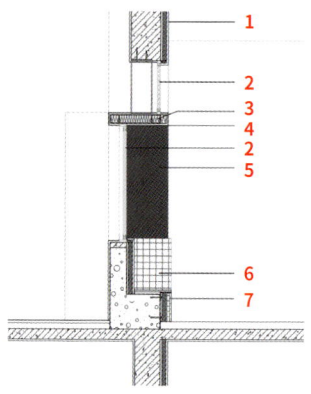
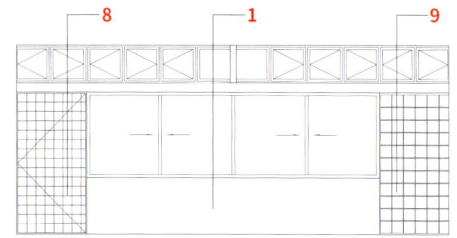
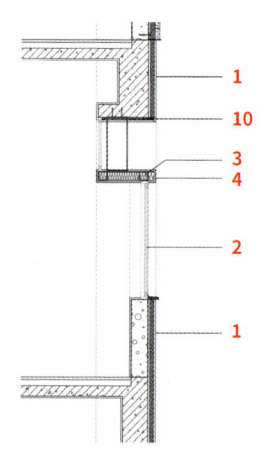

教室立面图及剖面节点图

1. 涂料
2. Low-E 中空玻璃
3. 110 毫米厚半硬岩棉板
4. 铝板
5. 黑板漆
6. 深蓝色面砖
7. 白色面砖
8. 金属格栅
9. 玻璃砖
10. 30 毫米厚发泡水泥板

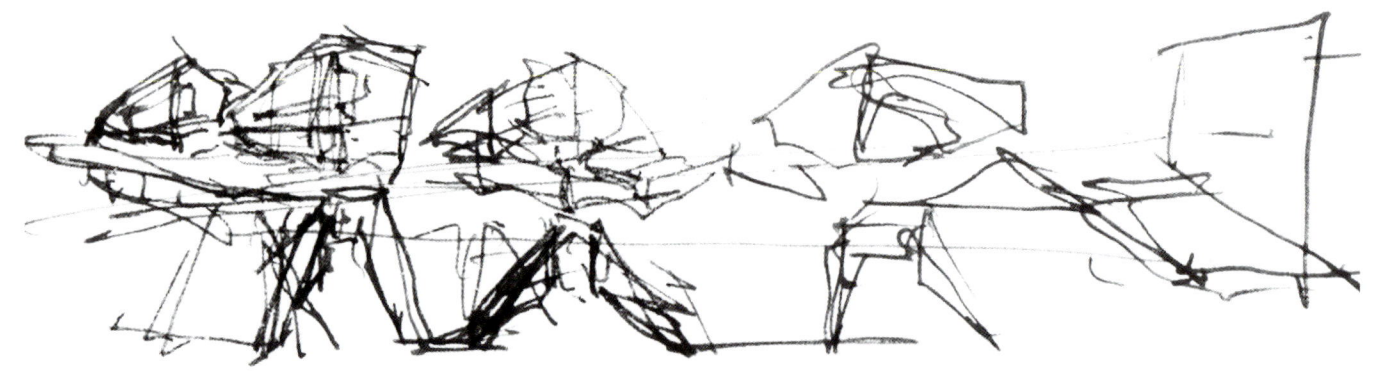

草图

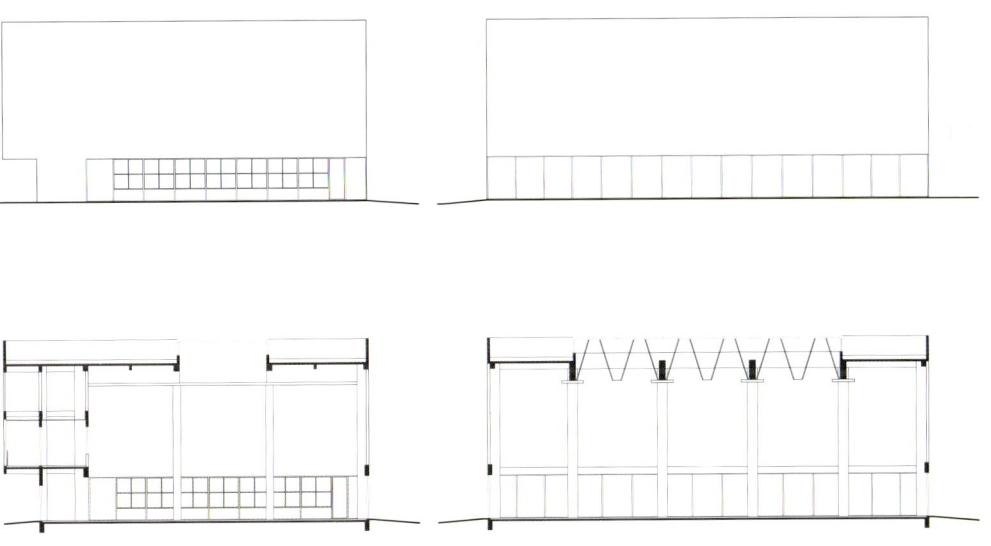

风雨操场剖面图

一层平面图（教学楼）
1. 普通教室
2. 教师办公室
3. 活动平台
4. 架空连廊
5. 音乐教室
6. 专业教室
7. 准备室
8. 形体教室
9. 多功能厅
10. 合班教室
11. 庭院
12. 室外走廊

二层平面图（教学楼）

1. 普通教室
2. 教师办公室
3. 活动平台
4. 架空连廊

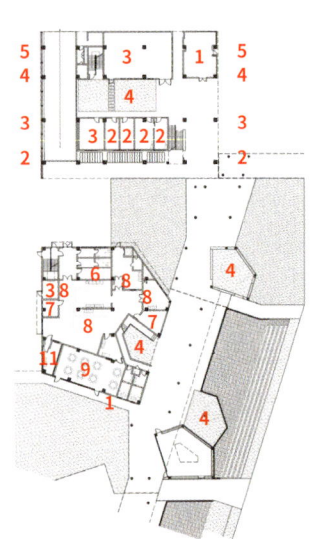
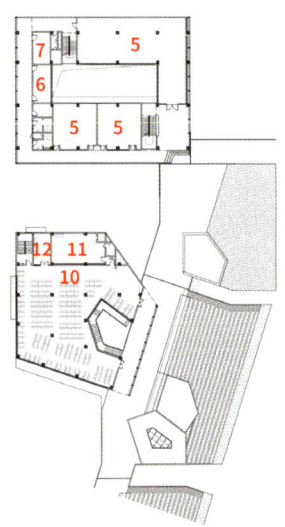

一层和二层平面图（综合楼和餐厅）

1. 传达室
2. 医务室
3. 设备用房
4. 庭院
5. 阅览室
6. 办公室
7. 储藏室
8. 厨房
9. 教师餐厅
10. 学生餐厅
11. 发餐区
12. 洗碗间

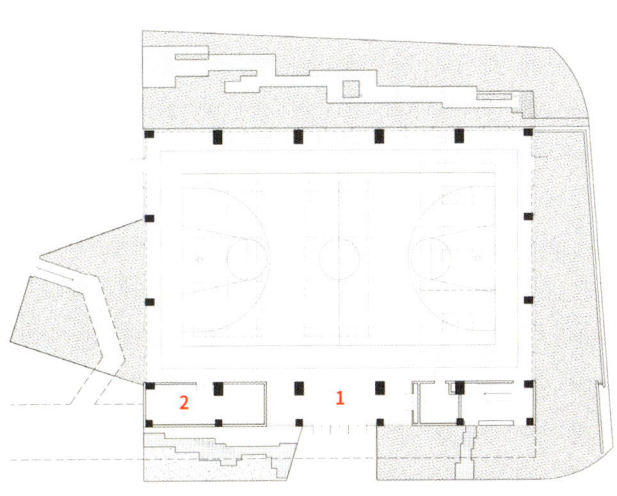

风雨操场一层平面图

1. 门厅
2. 体育器材室

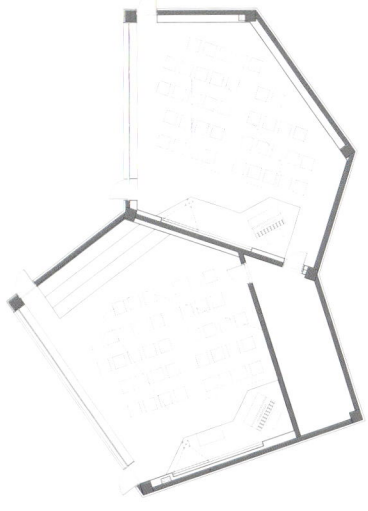

音乐教室平面图

建筑面积：43,355.95 平方米
项目地点：中国，惠州
建筑设计：筑博设计—联合公设
设计团队：钟乔、萧稳航、李俊达、黄昕、
　　　　　曹泰铭、吴玉华、钟晗露、
　　　　　曲羽、胡耀民、彭璟阳、
　　　　　林润宇、朱焕焕、李壮威
施工图设计：深圳大学建筑设计研究院
室内设计：Perkins Eastman
景观设计：法国埃尔萨景观设计事务所
摄影师：张超、萧稳航
完成时间：2018年

华润小径湾贝赛思国际学校

——一座矗立在山林中的学府

项目概况

华润小径湾贝赛思国际学校是一所拥有1200个学位的寄宿制学校，建筑面积约4.3万平方米，校园占地约7万平方米。其校址位于惠州小径湾海滨的一处山林之中，林中植被茂密，场地最低点高程为24米，最高处高程为82米，原始高差达58米。

"早上醒来听到鸟叫声，闻到青草的味道，心不会浮躁，别浪费时间了，加倍读书。"一位寄宿生妈妈转述其女儿的话语，正是这座山林学府的最精练的概括。

得益于天赋的自然条件，与城市中的学校有着本质上的区别。概念的立意之初，建筑师力图创造一个与自然交融的校园，为学生营造一个山林中的求学经历。师生可拥抱自然的微风欢唱，于泛着清新草香的朝阳中晨读。

场地内高差58米，建筑师局部修整了3个平台，其余未触及之地尽量保持原有的自然状态。具体修整的3个平台分别是：人行主入口及前广场、主台阶广场和峰顶运动场。各高程间均具备多种交通联系，确保各处交通通达。

总平面图

景观分析图

作为校园的人行主入口，前广场与道路平接，自然谷地的地貌是进入校园的第一印象，视线通过山谷层次丰富的坡地公园向上，最后停留在悬挑于半山的环形景观餐厅。学生可以选择沿开放的谷地公园拾级而上，也可以选择在紧邻教学组团的架空层台阶雀跃聚首，更可以通过接待大厅的垂直交通便捷到达教学区或者校园的主台阶广场。

位于半山的主台阶广场，是学生主要的日常活动场所。宿舍入口、主要的教学用房门厅与室内体育馆出入口均位于该高程附近，充分利用场地地形设置多标高的连接方式，无须过多地来回上下攀爬，场地设计利用高差特征及周边建筑的围合，设计具备广泛用途的主台阶广场，平日是师生喜闻乐见的户外活动场所，也是众多校园节庆颁奖活动的主会场。

鉴于国际学校的特殊需求，运动场仅作为课余师

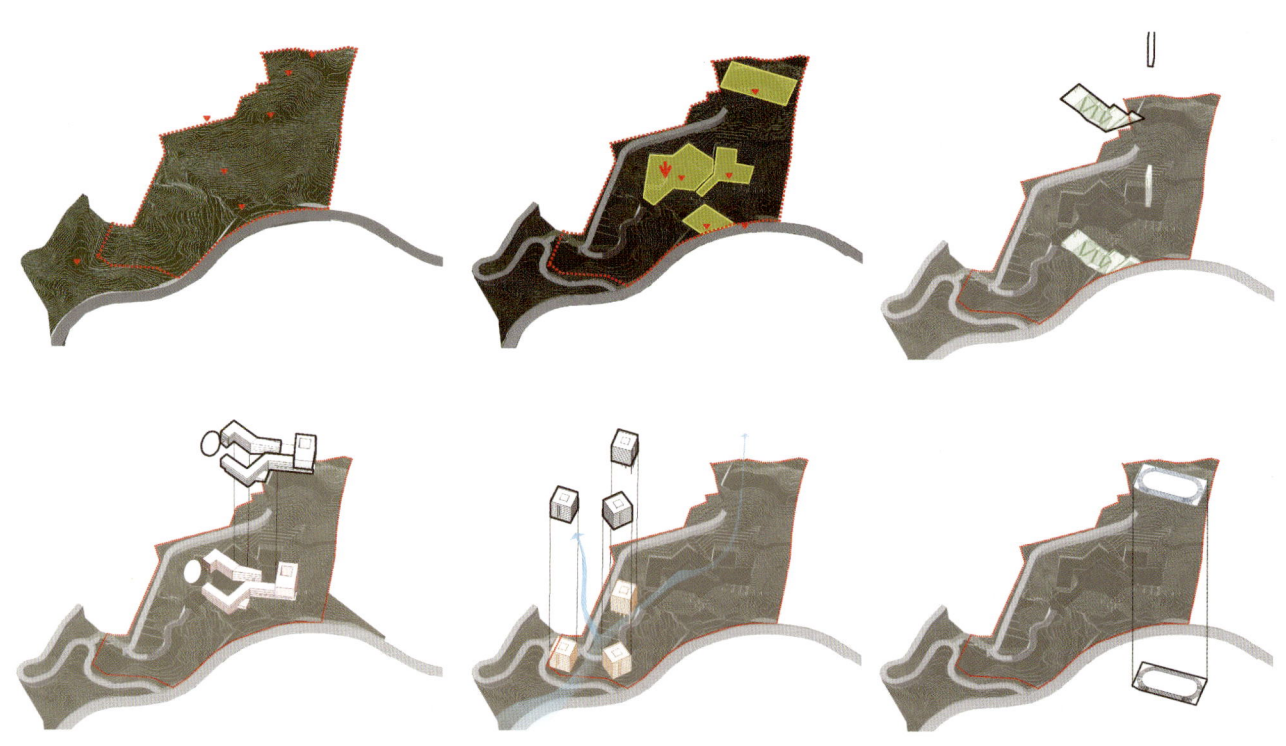

场地高程分析图

生体育锻炼的场所，不作为体育课的主要场所，基于山地地形的特殊性，室外运动场设于峰顶地形平缓处，与师生主要活动的高程相差较大，可经由登山石阶或后勤盘山道路抵达。如此反常规的设置，却使得它拥有常规学校操场所不可能拥有的山林围捧之势，山海皆收眼底之态。

规划概念：紧凑组团，分散布局

聚散有度，适度建设

华润小径湾贝赛思国际学校是由教学组团（含360度景观餐厅、室内体育馆）、宿舍组团与峰顶运动场组成的。由于特殊的山地地貌特征，教学组团以板式建筑围合布置，相对集中并设有空中连廊，以适应美式教育走班制的需求。建筑与山地间的人工挡土墙高度尽量控制在10米以内，节省土整造价，保证建筑内部的自然采光和通风。

宿舍组团采用分散式点状塔楼布局，以吊脚楼的形式尽量减少建设对山地的破坏。宿舍组团临近学校的车行出入口，紧靠校巴停车位，方便寄宿学生每周的集散和行李搬运。

全天候的教学，全时空的学习

国际教育机构 BASIS 负责整个学校的运营，采用纯美式教育体系。在建筑设计中应用开放性、个性化、多元化的空间营造，在校园空间中极力塑造应对国际化教育诉求的复合型空间。

 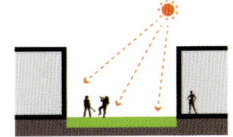 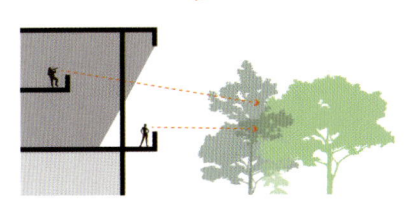

通风降温
架空层保证了场地的风道通顺，为学生提供更多活动场地，且有效地降低了活动场地温度。

室外庭院
图书馆中央的室外庭院可为室内提供景观，为学生提供了一个安静的室外阅读环境，且增加室内采光通风的效率。

室外露台
图书馆面对主入口处有良好的景观，设置露台旨在为学生提供观景阅览区，出挑的露台可作为水平遮阳结构，为两层通高的图书馆提供遮阳。

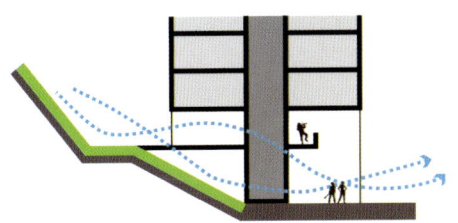 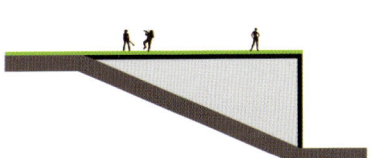 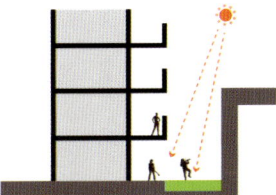

依势而造
宿舍采取吊脚楼的形式，顺应山势而造，底层架空作为门厅及学生活动区。

屋顶平台
体育馆嵌入山体之中，屋顶平接山体标高，形成活动平台。

下沉庭院
下沉庭院为局部半地下的楼层提供了采光及通风，为学生增加了更多的活动场地。

建筑师认为教育指导思想的变革带来教学方法的变革,并且教学方法的变革必然对教学空间提出新的、符合变革的要求。建筑师认为可以把校园设计的构成因素大致划分为基本教学环境(强调内部关系)和人际交流环境(强调户外活动及人际交往),这二者基本组成了校园的室内外环境。学校采用走班制的授课模式,学生并没有固定教室。各教室按年级与课程类别单独设置,科目老师授课和工作在固定教室之中。学生按照课表进行换班,各课程教室的外部设置有金属储物柜,方便学生换班时暂存各自的私人物品。

在功能布局上,将主要教学场所划分为G1~4(走读生)和G5~12(寄宿生)两大类别。G1~4的教室临近学校人行主入口,主要位于教学楼的1~3层,方便学生从人行主入口到达。G5~12教室主要集中在校园主台阶广场附近,与宿舍处于近似高程。相同类别学生的教室相对集中,便于走班。

建筑师在校园内不同标高的地方特地布置了众多的室内或半室内的开放区或者可供停留、坐卧的场所作为空间的留白,目的是让那些最具创意的使用者去发掘它的潜力,让教师不只偏居于教室,可以全天候地教学,学生也不局限于教室、餐厅和宿舍三点一线的校园生活,可在校园中找到自己喜爱的角落,一个属于他和他们的角落。原本单纯意义的交通空间被建筑师以各种方式扩大和充实,这些开放空间因为引入了交通功能,而不会担心变成没人去的消极空间。

自然光线和通风的引入使空间的舒适性得到最大的保证,师生的学习场所进一步延伸到各处,校园生活不是常规校园的三点一线的生活。师生可以抱着笔记本在校园的相应角落学习、探讨。授业也不仅仅局限于课堂之中,课堂与学习可以延伸至整个校园。多门课程,老师可应学生需求带领学生走出教室,在蓝天下,在台阶上,在树荫里……

建筑面积：26,000 平方米
项目地点：丹麦，哥本哈根
建筑设计：C.F. Møller 建筑事务所
景观设计：C.F. Møller 建筑事务所
摄影师：C.F. Møller 建筑事务所

哥本哈根国际学校
——一所蕴含城市公共空间的现代化学校

项目概况

哥本哈根国际学校新校舍位于哥本哈根新北港区。这座建筑是哥本哈根最大的学校建筑，可容纳1200名学生和280名员工。

现代教育建筑的设计理念是将学校场地与城市中的公共空间联系起来，赋予学校一个开放的氛围。校园外的步行街成为城市的临港空间，营造一个放松休闲的活动场所。

主体建筑由四部分构成，分别为5～7层不等，每层专门为满足不同年龄段学生的需求而设计。另外，四部分结构共用同一基座，公共部分建有大厅、运动室、食堂、图书馆以及表演厅等。教室只在上学期间开放，而其他公共空间则全时段面向整个社区开放。

此外，在基座结构上专门设计了屋顶露台，用作操场，这里为学生的活动提供了更安全的场所，避免因距离海边太近而发生危险。

总平面图

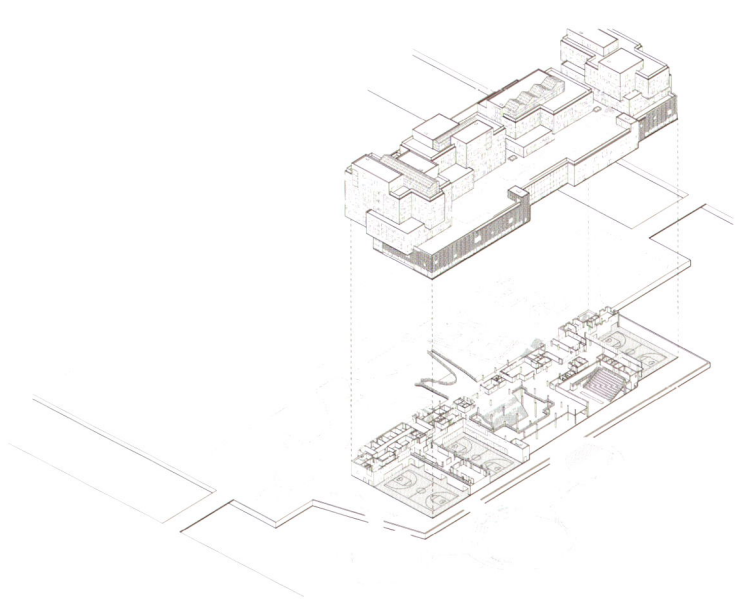

轴测图

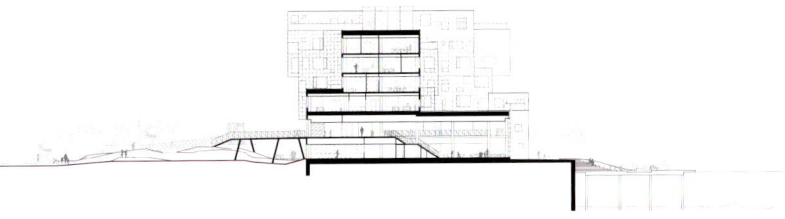

剖面图

独特的建筑立面覆盖着 12,000 块太阳能电池板，每一块都设计有单独的角度，创造出亮片般的效果的同时，更为学校提供了年用电量一半以上的电能。这些太阳能电池板总面积达 6048 平方米，使其成为丹麦最大的建筑一体化太阳能发电厂，预计每年生产电能 200 万千瓦·时。

除满足绿色设计需求之外，太阳能电池板也成为学校课程的永久组成部分，允许学生监测能源生产，并在物理和数学课堂上使用相关数据。

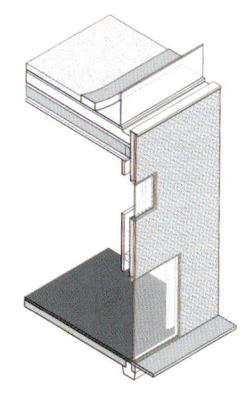
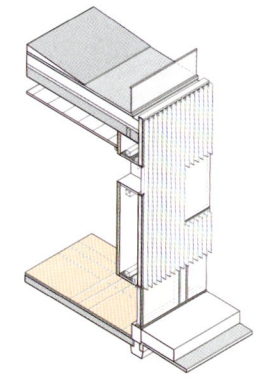

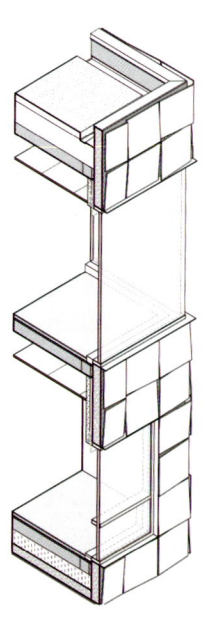

立面节点图

低年级学生的教室非常宽敞,为所有活动提供了合适的场地,如专属的绿色空间以及用于表演和体育运动的功能空间。

一层平面图

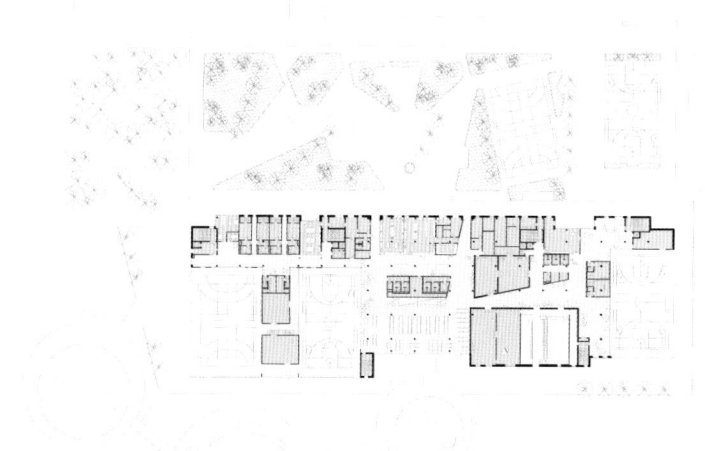

二层平面图

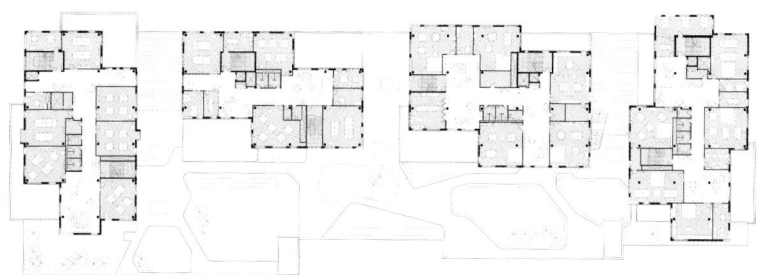

三层平面图

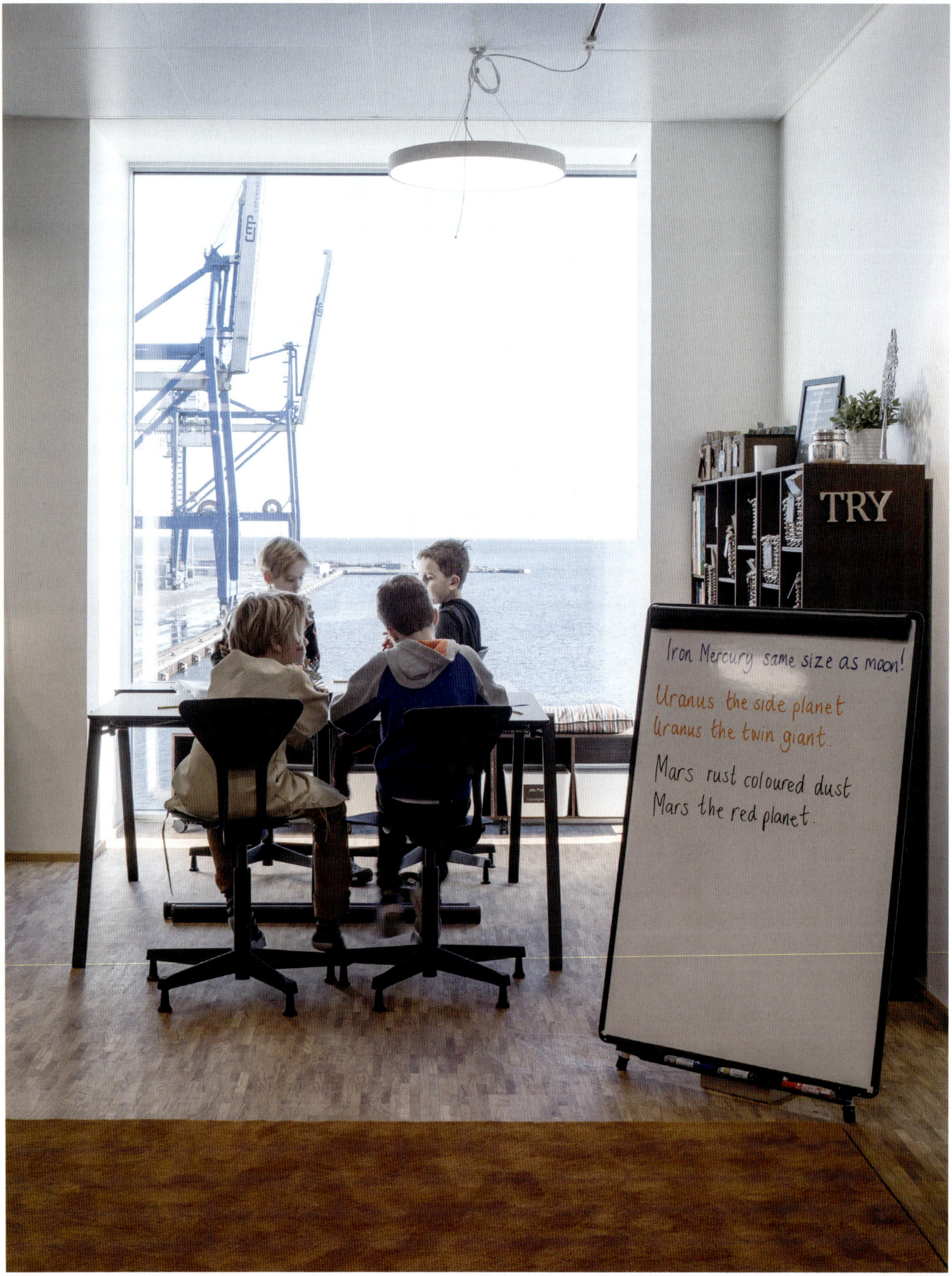
TRY
Iron Mercury same size as moon!
Uranus the side planet
Uranus the twin giant.
Mars rust coloured dust
Mars the red planet.

建筑面积:9500平方米
项目地点:丹麦,哥本哈根
建筑设计:JJW 建筑师事务所
景观设计:JJW 景观设计事务所
工程设计:NIRAS 公司

南港学校
——毗邻海港的大型综合社区

项目概况

在这所学校的设计过程中,建筑师将城市引入校园,在两者之间建立了密切的联系。与此同时,他们充分利用其毗邻海港的优越地理位置,将海洋打造成独特的"教室"。风格以及规模各异的空间被打造出来,为学生提供了不同的活动场所,大型集会或者小型研讨会都可以在这里举办。该学校曾获得"年度最佳学校"称号,而该建筑则获得2016年"世界建筑新闻(WAN)教育类"奖项。

JJW 建筑事务所在参加该项目竞标时就获悉,这一区域需建设一些公寓以及办公设施,以便将这里打造成一个全新的综合社区。因此,该项目的设计目标之一即打造一个集学校和文化空间为一体的结构,为此专门将一层及部分二层空间打造成公共区域,方便当地居民生活。

099

总平面图

学校与城市的交流

学校、社区和港口之间的交流已经完全建立。一层被设计为校园与城市广场的组合体，用作聚会场所。将城市带入学校，进而将学校融入城市。手工艺品空间和音乐教室面向当地居民开放，而学校的餐厅也会为当地人提供食物。此外，校园是开放的，通往港口的大楼梯无疑提供了集会场所。

学校内实现了空间的自然分级，包括公共场所、半开放场所以及私密场所。室外区域可作为额外学习、娱乐以及活动的空间。

学校建筑的设计灵感源自在海洋中探险的大船，这一比喻意义非常明确——学生们上船开始他们的教育与社交之旅。从更深一层的意义来讲，建筑本身就犹如一座城市，这里有各种空间、街道、工作场所，当然还有得天独厚的海港。这是一个多变的城市，为各种活动提供了恰当的场所，并将其作为学校生活的组成部分。城市主题贯穿了每一层空间，即便是储物室都被设计成了带有私密聚会功能的小房间。

海洋科学学校

这是一所与海洋科学息息相关的学校。宽敞的阶梯将学校与港口相连，并成为学生以及当地居民的户外活动空间。当然，海洋本身也被用作"海外教室"——在体育课上，学生们乘独木舟航行，探索海洋的秘密。同时，他们还可以将钓到的鱼拿到烹饪课上作为教学材料。阶梯下面布置着手工艺教室，可以在那里制作或修复各种手工艺品。

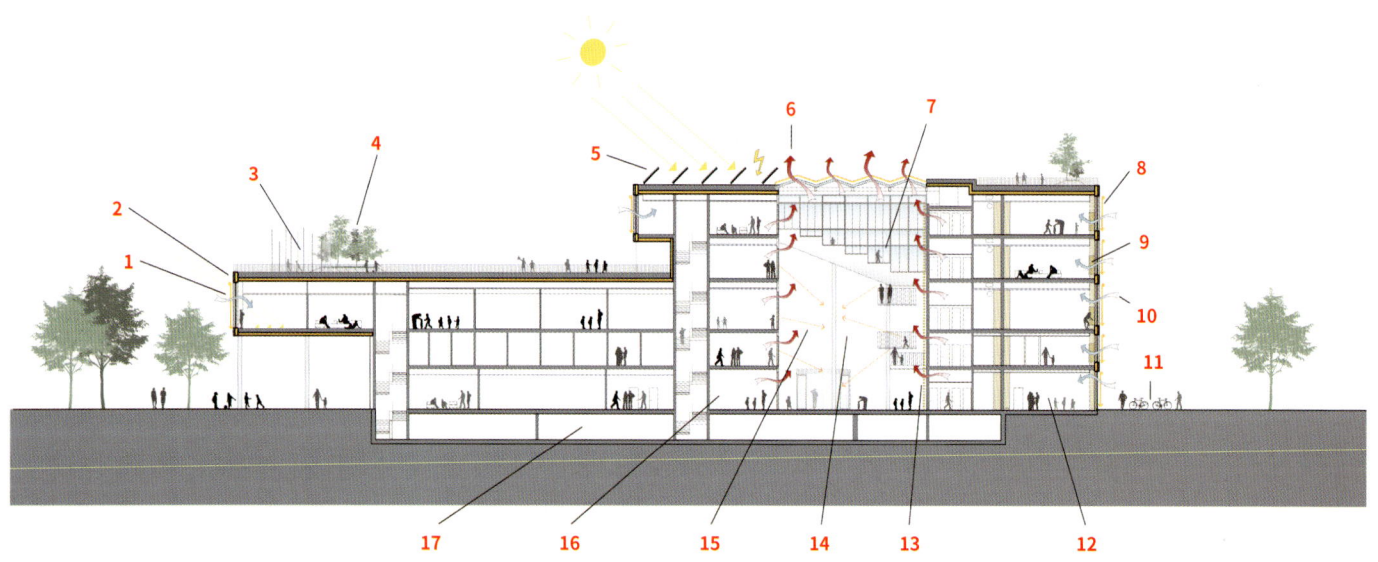

可持续性示意图
1. 日照
2. 集成生态建筑
3. 活动屋顶
4. 绿色屋顶
5. 可再生能源
6. 自然通风
7. 灵活学习区
8. 智能建筑表皮
9. 降噪及自然通风系统
10. 夜间降温系统
11. 自行车停放处
12. 一层公共空间
13. 室内降噪系统
14. 集会场所
15. 视觉交流
16. 专家室
17. 地下技术室

生动的立面

生动的立面是这一建筑的主要特色，不仅可以创造出变化，而且还可以增强建筑的教育功能。建筑师选用了常见的材料——预制压缩矿棉板，并将其与外部板条结合在一起，从而营造出生动的形象。

充满活力的立面还可以充当智能围护结构，如自动开启的窗户可控制夜间降温，特别设计的降噪窗户可实现自然通风，内置的立面屏风既可以起到遮阳作用，又可以在寒冷季节起到额外的热缓冲作用。水平立面由100%再生铝板条和两种定制型材支撑。铝外层与内凹的彩色图案装饰矿棉板之间形成了多种多样的互动关系。轻型立面具有很高的隔离能力，可满足2015年DK低能耗标准的要求。

立面颜色基于海洋色彩而设计，并使用与海洋有关的单词和短语进行图形化装饰。在立面的各个部分可以看到各种宣传语，以提醒学生几个世纪以来海洋和航运如何丰富了文化和社会。

除了立面的配色方案和图形设计外，学校入口附近的三层还打造了大型动态LED屏幕，用于呈现各种资讯——经过特殊编程的软件会不断从学校的气象站下载信息，并通过LED屏幕显示出来。先进的编程功能使LED屏幕可以选择单词并对其进行图形设计，以便反映学校内即时的天气和时间。

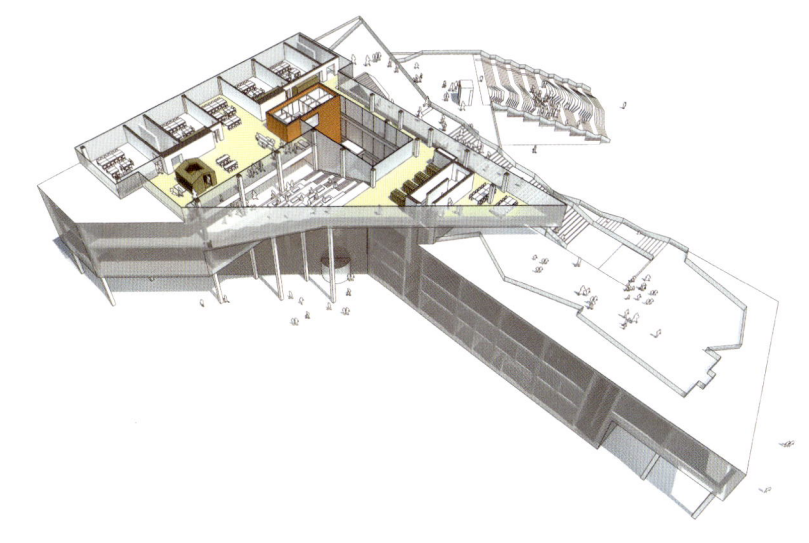

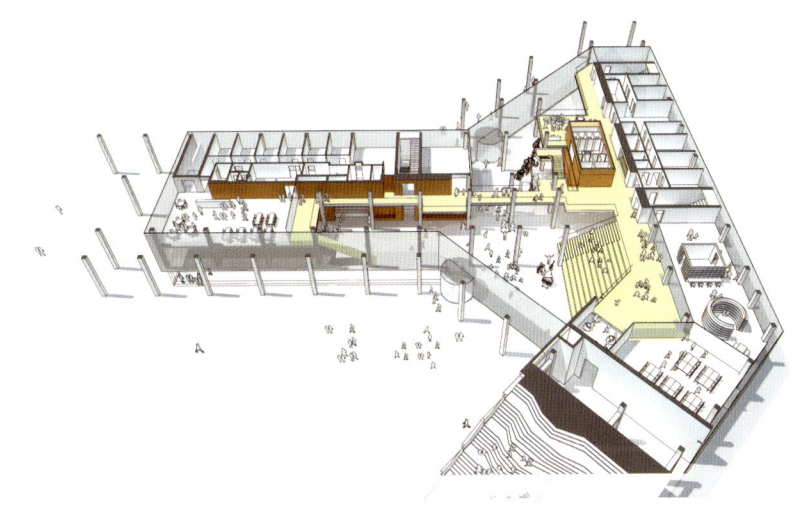

示意图

打造利于学习的技术解决方案——新鲜空气和受控声学

技术解决方案的目标即营造良好的室内气候以及声音环境,同时保持低能耗和实现可持续发展。

每天晚上,建筑会通过自动控制系统打开门窗,对室内进行自然通风。当然,这一通风系统是作为被动通风的补充,以减少日常能源消耗。此外,还有其他多种装置,如太阳能电池板、高效隔音装置、智能防雷控制设施等。绿色屋顶的打造同样增强了建筑本身的可持续发展性。为进一步降低能耗,不同空间实行不同的温度控制,如教室会更多借助被动控制方式,而其他空间则多选用自然控制方式。

降噪也是该项目面临的一个重要问题。如果不进行控制,那么学校很容易暴露在噪声之中。为此,在立面以及内部空间设计中格外注重隔音效果。

可持续发展性

在可持续发展性方面,学校设计遵循德国可持续建筑协会相关参数规定。除太阳能电池板以及隔音材料之外,学校在非学习时间面对公众开放的举措也进一步延续了这一理念。与传统的学校室外设施相比,这里更像是一个公园,满足了环境、经济以及社交方面关于可持续发展的需求。

根据学生需求调整空间

学校空间根据年级划分，低年级学生位于底层，而高年级学生位于上层。室内外空间充分考虑不同年级学生的需求，以打造温馨安全的生活环境。低年级学生配备单独的家庭区，且位于中心位置，与室内外设施紧密相连，便于看护。高年级学生则共享较大的家庭区，分布在两层楼内。

不同的班级以及按年龄划分区域拥有不同的开放程度。学校的理念之一是要让所有学生能够享用这座校园。举个例子，学校周围满是高新科技产业公司，那么学生就不必单纯地在学校内学习数学，他们还可以在实践中去学习。因此，实现校园与城市的相互渗透具有重大的意义。

这一项目的另一核心理念是让学生、老师以及来访者在校园内活动的时候会时刻感受到惊喜。为此，设计师打造了多变的风格——楼层的平面布局以及天花板的高度各异，变化成了不变的主题，为大家提供了丰富的空间体验。

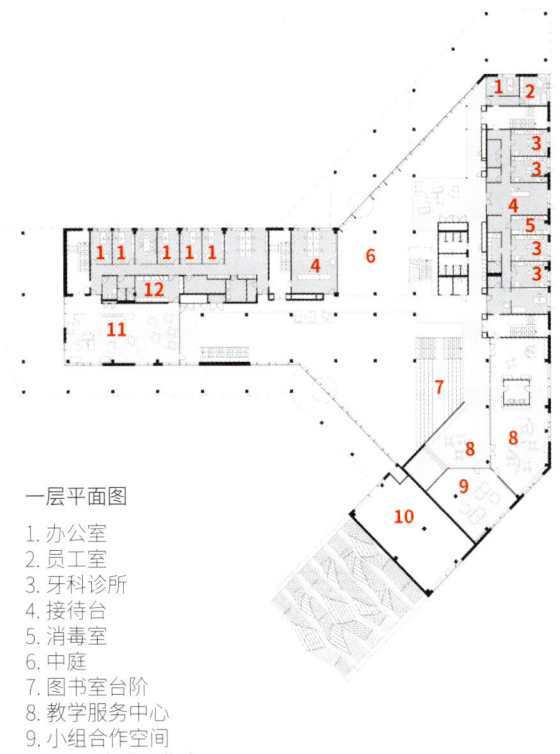

一层平面图
1. 办公室
2. 员工室
3. 牙科诊所
4. 接待台
5. 消毒室
6. 中庭
7. 图书室台阶
8. 教学服务中心
9. 小组合作空间
10. 双层高度工作室
11. 教师休息室
12. 厨房

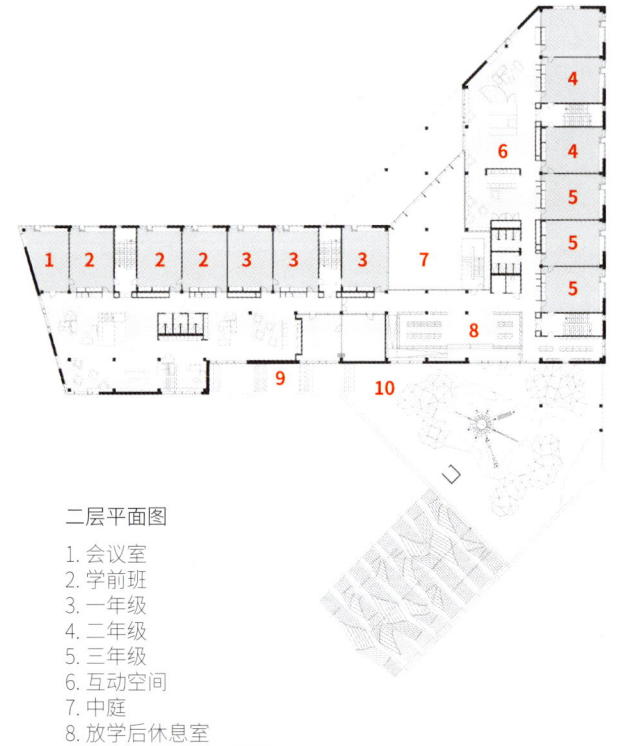

二层平面图
1. 会议室
2. 学前班
3. 一年级
4. 二年级
5. 三年级
6. 互动空间
7. 中庭
8. 放学后休息室
9. 通往二层屋顶的楼梯
10. 一层屋顶操场

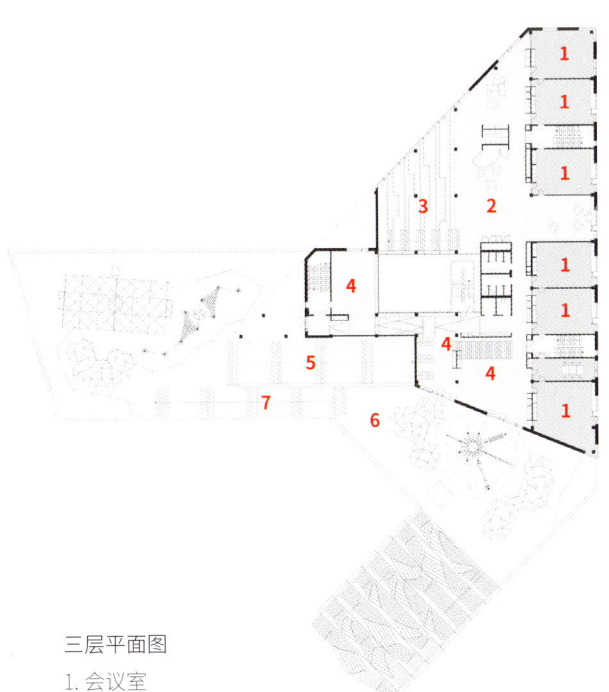

三层平面图

1. 会议室
2. 互动空间
3. 楼梯
4. 互动区（灵活调整）
5. 通往三层屋顶的楼梯
6. 一层屋顶操场
7. 二层屋顶操场

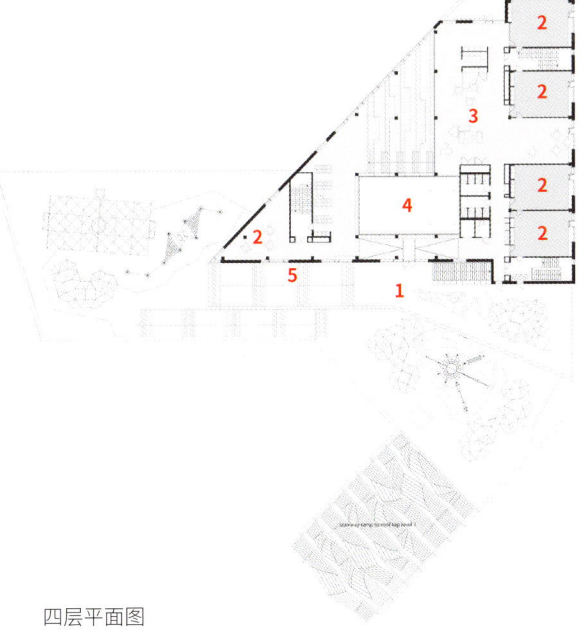

四层平面图

1. 三层室外露台
2. 会议室（灵活调整）
3. 互动空间（4～7年级）
4. 中庭
5. 通往三层屋顶的楼梯

社交空间

设计师格外注重学校中的社交空间,这是基于将学校理解为学习与社交的交会点。社交空间涵盖群体集会以及一对一交流的所有场所,确保为学生提供足够的交流以及学习的区域。

具体来说,学校需提供满足大型集会、年度大会、课堂教学、小组学习以及一对一交流的所有类型空间。这就需要打造不同规模及风格的空间,而这一项目中的三处室外阶梯则承担了部分社交功能。其中,开敞的大阶梯面水而设,将学校与整个城市连通;学校操场上的阶梯则可以将所有学生集合在一起;稍小的阶梯则为4~9年级的学生提供了交流场所。总之,这一学校的设计在满足社交功能的同时,更为学生带来了多样的启发与挑战。

109

建筑面积：8397.89 平方米
项目地点：日本，茨城
建筑设计：三上建筑事务所
摄影师：崛内广治、渡边重任
完成时间：2018 年

下妻市立下妻中学校

—— 凝聚城市特色，打造青春回忆

项目概况

这所学校位于下妻市中心美丽的砂沼旁边，越过湖面远眺的话，就能在正面的东方看到拥有紫峰美誉的筑波山。这所学校建在将下妻市特质浓缩的地方，无可挑剔的中心地区。此次攻克的课题就是利用这个地方的特质，创造一所地域中心学校，让学生们在此留下难忘的青春回忆。

表现手法

其中之一是强调面向筑波山方向作为设计的轴线。基于当地的光照、通风及采光情况，在可建筑区域内确定建筑物的朝向。校舍包括 3 个楼层，整体建筑呈直线状（长度超过 100 米）。第一层是由间隔 1.8 米均匀排列的细柱构成的虚拟边界面。第三层是 3 个坚固的混凝土悬挑空间，目的是突出表现第二层的深凹幅度，像是将正门、砂沼、筑波山排成一条线，创作出强烈的轴线视觉感。

其二是塑造这个学校独有的特征面孔。在面向道路西侧的校舍山墙处设置入口换鞋房间，并在入口房间前面架起了折板状的大屋面。它保证了学生们在下雨天从校舍前往自行车停放场、体育馆、剑道馆等场所不被雨淋。当然，除了迎接每天来上学的学生们，也和既存的体育馆达成了一体化的效果。但是，现在这个大屋面还被隐藏在体育馆的后面，它的真正价值在将来拆除这个体育馆的时候才会展现出来。

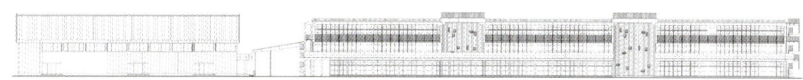

南立面图

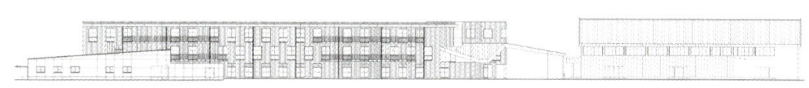

北立面图

东立面图

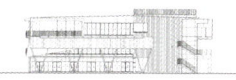
西立面图

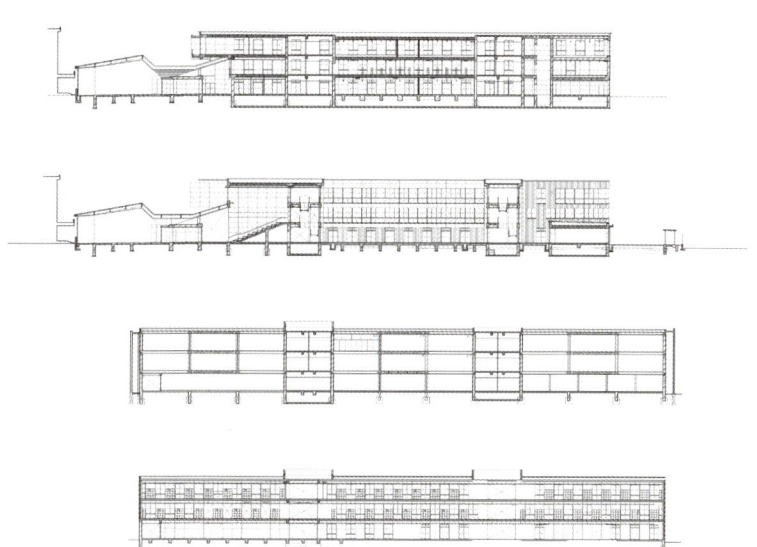

剖面图

结构设计

众所周知，在日本地震等灾害发生比较频繁，学校作为指定避难场所，抗震防灾设计就显得非常关键。一方面，学校在 x 方向、y 方向都设置了高强度结构的抗震墙，承担轴力的柱子的截面比纯框架结构的截面还要小。另一方面，房间的布置和地震墙的调整是一项很有难度的挑战，并且需要花费大量时间来调整相矛盾的各项因素，致力于将地震危害降到最低限度，把变形控制在极小限度内。因此，需要考虑将来房间使用功能的变更情况，将结构的变动降低到最小，突出展现了设计者的理性思维。

学校是一个供学生在集体中一边遵循秩序一边学习成长的场所，并且处于这一阶段的学生们感情开始变得丰富，为强化他们的自主意识，丰富学生的情感，通过实验室、音乐室、美术室、手工技术室、家庭料理室、体育馆及剑道馆等各项设施的配置，确保他们从德、智、体、美、劳方面得到全方位培养，并且可对有共同兴趣特长的同学进行小组指导，在健康快乐中学习，为梦想储蓄能量，从这里振翅高飞。

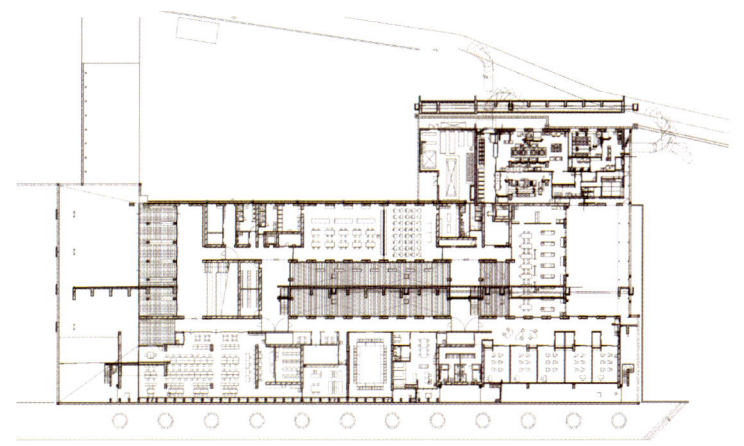

一层平面图

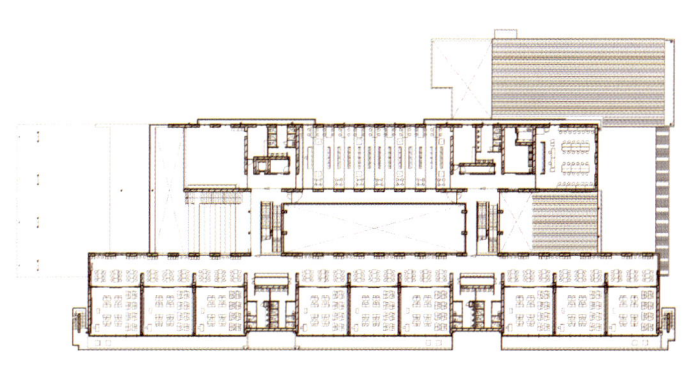

二层平面图

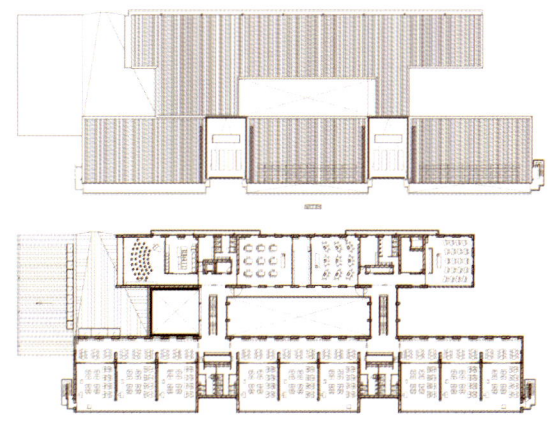

三层平面图

117

建筑面积：41,000 平方米
项目地点：中国，上海
建筑设计：泛华建设集团有限公司
设计团队：万仞、沈继红、阳红芳、
　　　　　唐晓勇、吴士强、周文琪、
　　　　　王婷婷
摄影师：万仞
完成时间：2018 年

上海大学附属宝山外国语学校

——打造现代化整体性校园环境

项目概况

上海大学附属宝山外国语学校坐落于风景秀丽、文化气息浓厚的上海市宝山区杨行镇，东至铁山路，南至湄浦河。该区域地势平坦，周边都是居民区，人口密度相对较大，学校的建设可以更好地服务周边居民。

通过合理的规划以及坚持可持续发展的原则，学校实现了"高起点规划、高水平设计、高质量施工、高标准管理"，已成为上海宝山杨行地区基础设施配套现代化、生态化的重要公共服务设施。其高标准地满足了当前以及未来若干年的教学要求，形成了现代化的整体式校园环境。

建筑设计

将建筑立面经典三段式构图加以现代化的抽象设计，通过对建筑各形体比例关系的精心推敲，立面线脚、柱式、屋檐、坡顶等设计元素的巧妙组合，材质、色调的整体设计搭配，塑造出一个典雅大方，具有人文建筑内涵的优质教育建筑形象。建筑色彩以红白相间为主，局部点缀灰黑色，使整体色调在高度统一中又富有变化。建筑形体以强调水平向为主，使整个建筑散发出舒展、连续的整体气势，大方中又不失细节。立面局部的装饰设计手法营造出丰富的光影关系与虚实变化，达到最佳的视觉效果。

总平面图
1. 学校主入口
2. 地下车库入口
3. 行政办公楼
4. 小学部
5. 中学部
6. 教学楼大厅
7. 食堂 / 风雨操场 / 地下车库
8. 教师办公楼
9. 公共教学用房
10. 操场

运动场地

运动场地包括 5 个室外篮球场、田径塑胶跑道和天然草坪足球场。

北立面图

景观设计

整个学校按花园式、生态型校园进行建设，教学楼前以园林化景观庭院为主体，通过布置绿化、学习广场、步行小径、雕塑小品、休憩座椅等，创造独特的绿化开敞空间和优美的校园环境。校园内利用各种植物组成多种空间，采用园林手法设计雕塑、小品、花池等。此外，在各建筑物周围、出入口广场及路旁、屋顶花园，采用点、线、面相结合的手法进行绿化设计，栽种常绿灌木或种植花圃及草坪，在道路两旁设置路灯、座椅。座椅的选择及安置，意义至关重要，在某种程度上决定了开放空间设计成功与否。环境标志牌在帮助识路方面起着相当重要的作用，成功的环境标志牌可增强局部及校园景观的统一性。校园内配置的废物箱设计质朴、耐用，不易破坏并易于维护，同时采用分类收集方式，增强学生的环保意识。

景观概念图

技术要素

从小学生与教职工的角度去研究空间布局及功能分区，兼顾教学、办公、服务配套的使用效率。保证教学区域的良好朝向，创造良好的采光和通风条件，通过合理组织功能，使各种平面功能分区明确，同时又紧密联系。利用简洁的体块穿插，有机地将功能与形式完美结合。选用方形的体量作为主体造型，简洁的长方形体量在能争取到更多的日照的同时，还有利于班级的划分，节约交通面积。结合端庄典雅的建筑体量，通过协调的色彩搭配与优美的建筑比例设计，使得建筑形体呈现出高雅的人文建筑气质。在考虑经济性，合理控制造价的前提下，在形体局部中加入一定的建筑装饰元素，营造出丰富的造型效果。

一层平面图

1. 办公室
2. 多功能厅
3. 普通教室
4. 入口大厅
5. 教师办公室
6. 化学实验室
7. 物理实验室
8. 自然教室
9. 生物实验室

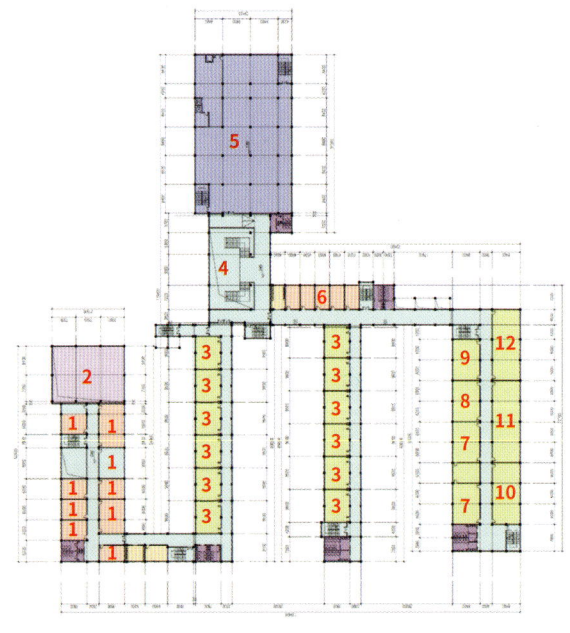

二层平面图

1. 办公室
2. 多功能厅上空
3. 普通教室
4. 入口大厅上空
5. 学生食堂
6. 教师办公室
7. 美术教室
8. 书法教室
9. 史地教室
10. 学生阅读室
11. 书库
12. 教师阅读室

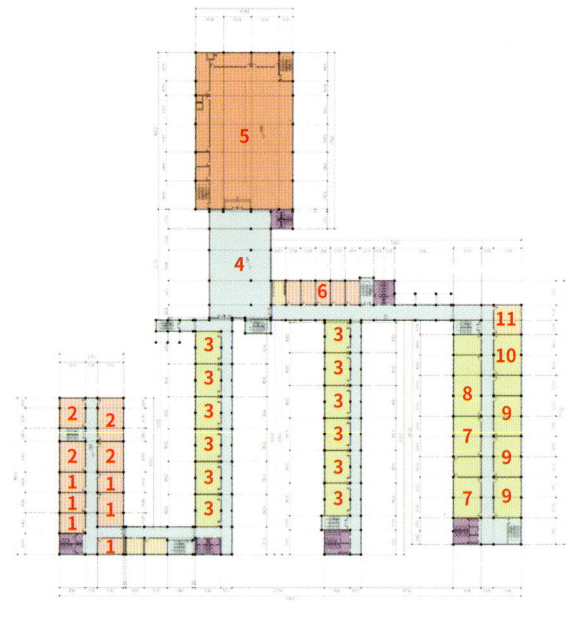

三层平面图

1. 办公室
2. 会议室
3. 普通教室
4. 活动平台
5. 体育馆
6. 教师办公室
7. 多媒体教室
8. 电子阅览室
9. 计算机房
10. 阅览室
11. 心理咨询室

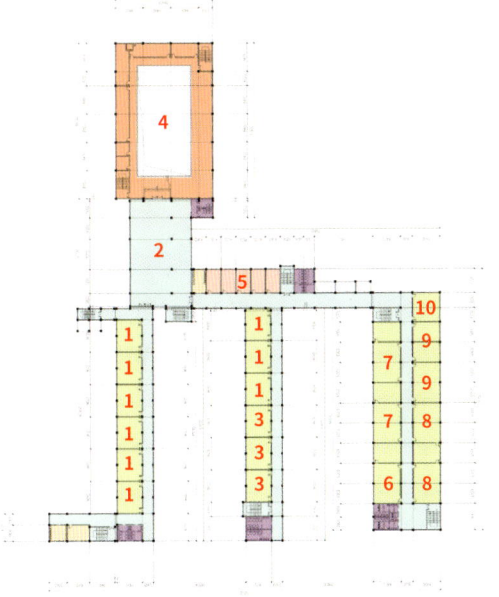

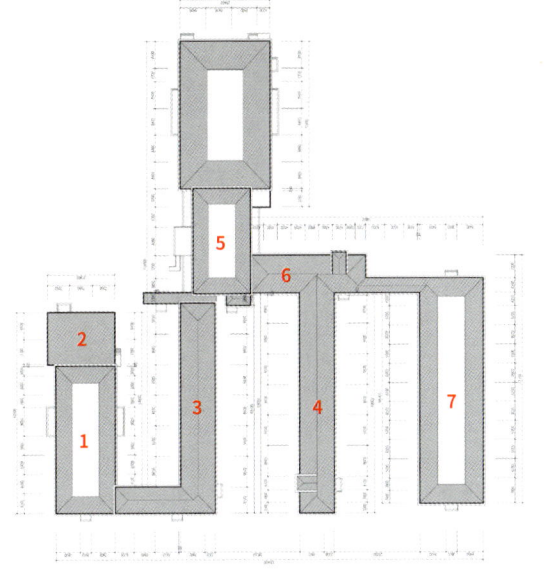

四层平面图

1. 普通教室
2. 活动平台
3. 选修课教室
4. 体育馆上空
5. 教师办公室
6. 形体教室
7. 劳动技术教室
8. 音乐教室
9. 科技活动教室
10. 广播社团办公室

屋顶平面图

1. 行政办公室（三层）
2. 多功能厅（一层）
3. 小学部（四层）
4. 中学部（四层）
5. 教学楼（四层）
6. 教师办公室（四层）
7. 公共教学楼（四层）

建筑面积：9308.19 平方米
项目地点：日本，茨城
建筑设计：三上建筑事务所
摄影师：崛内广治、渡边重任
完成时间：2019 年

矛田南小学

—— 高标准国际小学

项目概况

矛田南小学由附近 7 所小学统合而成，是矛田市市政府为培养"贡献国际社会的人才"而建设的，学习空间灵活多用，除普通学生教室外，围绕多媒体学习交流中心，配备体育馆、游泳池、户外教室、料理教室、实验室、手工艺教室、绘画室、音乐教室、医务室、学生交流室、配餐室、语言教室等设施。矛田南小学是功能完备的高标准国际化小学。

学校坐落于小山丘上，地势较高，视野开阔，使外来人员很难进入。行车区域与学生活动区域完全分离，除校园巴士外其他车辆不得进入操场区域。采用高标准防灾、防震、防犯罪设计，室外无监控死角，为孩子们打造安全舒心的学习环境。

除了满足结构要求外，建筑外墙全部采用安全吸音玻璃，保证对外视线不受阻碍并且最大限度地接受自然采光，让小朋友们沐浴在阳光里健康成长。教师办公室正对学校操场，随时可以观测到小朋友的活动轨迹。医务室位于建筑正面最凸出位置，可对室外进行 270 度观测并及时进行医疗支援。

因距离海岸线较近，校园内设阳光庭院，在炎热的夏季，通过中间庭院来完成对流，使两侧的教室自然通风良好，屋面的不规则曲面是模拟地方日照角度进行设计的，实现更好的自然采光。自然采光、自然通风及自然森林，让孩子们能更好地亲近自然。屋面强度按太阳能屋面标准设计，可以做到在结构不变的情况下根据需求更换太阳能屋面。

127

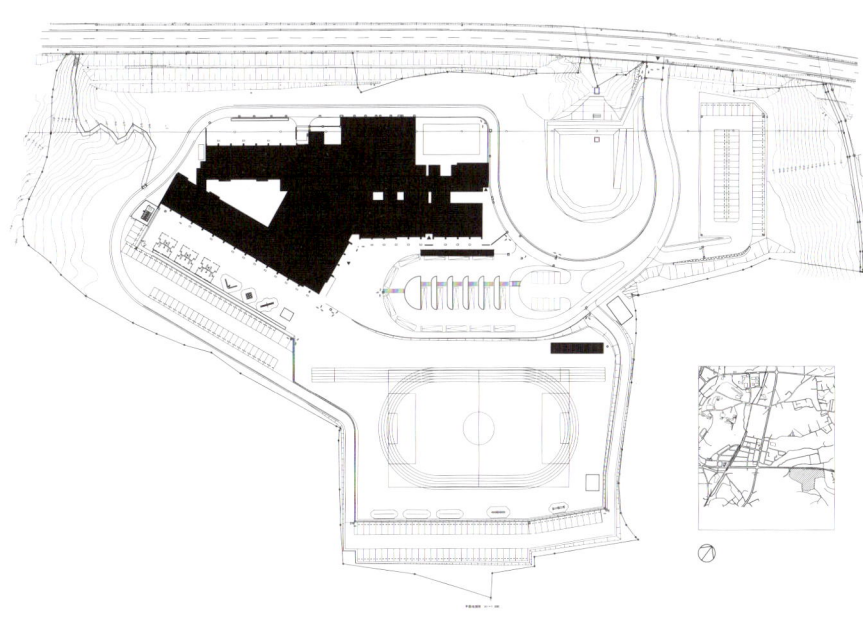

总平面图

南立面图

北立面图

东立面图　　西立面图

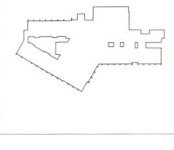

多媒体学习交流中心剖面图

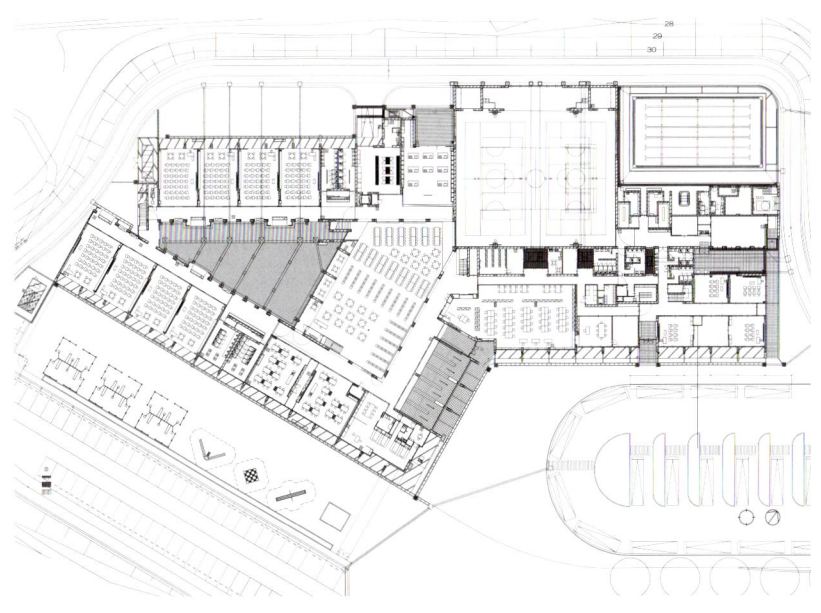

一层平面图

该建筑围绕多媒体学习交流中心（简称多媒体中心）展开。多媒体中心具备学生学习外语、讨论交流、网络查询、进餐及半封闭活动等多种使用功能。围绕多媒体中心，从入口处顺时针配备的设施有学生上下学的换鞋房间、特殊支援室、医务室、实验室、阳光庭院、料理教室、体育馆及教师办公室。除了学生上下学以外，进出学校的同学以及访客只能通过教师办公窗口处的走廊进出，能更好确保学生的安全。学生们将鞋子及雨伞等物品放在入口的整理柜中后，进入教学楼。考虑到打扫卫生为小学生的必修课，木质地板满足温性、耐磨、易清洁的要求，在一、二年级的走廊部分各设置两个洗手池，二楼走廊根据三、四、五年级需求划分多功能区域，可根据各学年组不同需求利用。根据各功能区域的要求所进行的防噪声设计，可以保证学生们在安静的环境下学习。

为了让孩子们更好地体验学习乐趣，室内教室的阻尼升降黑板，可根据不同学生的身高进行调整，保证孩子们舒适的书写状态。可旋转液晶显示器，可根据光照方向及同学们的坐列习惯展示视频资料。局部房间的魔法玻璃，既能观察学生状况，又不影响学生的心情。隐藏在音乐教室后的录音房，既可以观察学生们的练习状态，又可以通过录音来纠正指导学生们的发声。小学设有两个室外教室，一楼多媒体学习交流中心外侧的阳光庭院，用于向全校师生展示学生们的才艺。二楼的室外教室通过教室的阳台走廊将三、四、五年级区域连接到一起，使不同学年的同学能够更好地进行沟通与交流。

设计宗旨是为了让学生们拥有安心、舒适、安全的学习环境，使同学们快乐成长的同时，德智体美劳全面发展，为将来贡献国际社会而打下坚实的基础。

建筑面积：52,439.47 平方米
项目项目地点：中国，深圳
建筑设计：筑博设计—联合公设
设计团队(1)：钟乔、萧稳航、李逸笙、曹泰铭、曲羽、钟晗露、朱焕焕、陈普、李壮威、陈卓
设计团队(2)：赵宝森、王宏亮、荣洋、许丰、栾桂海、龚尚谦、李龙、梁福集、侯连建、陈坤
施工图设计：筑博科技
室内设计：H DESIGN 设计公司
景观设计：泛亚国际景观设计有限公司
摄影师：是然建筑摄影／苏圣亮、吴清山、萧稳航
完成时间：2018 年

华中师范大学附属龙园学校
——符合新时代需求，自然而开放的教学环境

项目概况

在时代变化和城市空间并置的酝酿下，传统的灌输式教学逐渐发展为开放式教学。开放式教学不仅需要室内教室，更需要室外的教学场所，而面临着城市用地空间受限，独特的区域文化和教学环境需求多方面的问题，一所符合新时代需求的学校该如何去塑造成型，是我们值得思考的问题。华中师范大学附属龙园学校位于龙岗镇龙岗社区，是一所九年一贯制的综合性校园，满足 72 个班约 3360 名学生的各项功能需求，主要为周边的居住组团服务。该项目的设计以"创造更亲近自然与开放的教学环境"为出发点，汲取中国传统建筑中廊院巷台组合的灵感，从开放性和灵活性的原则出发，通过对空间的充分利用创造出更加丰富多彩的户外学习、生活和互动空间。在城市百米高楼的一隅，独辟出一处趣味盎然、层叠错落的绿谷。

不同于一般学校，这是一所容积率达到 1.24 的非常规性学校。在用地空间如此紧张的情况下，如何布局教学空间，满足传统教学与开放式教学兼容的需求，是设计的一大挑战。

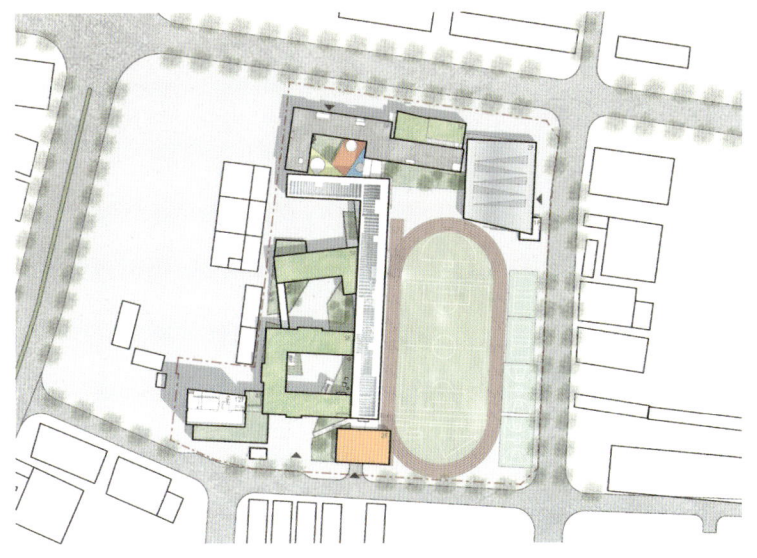

总平面图

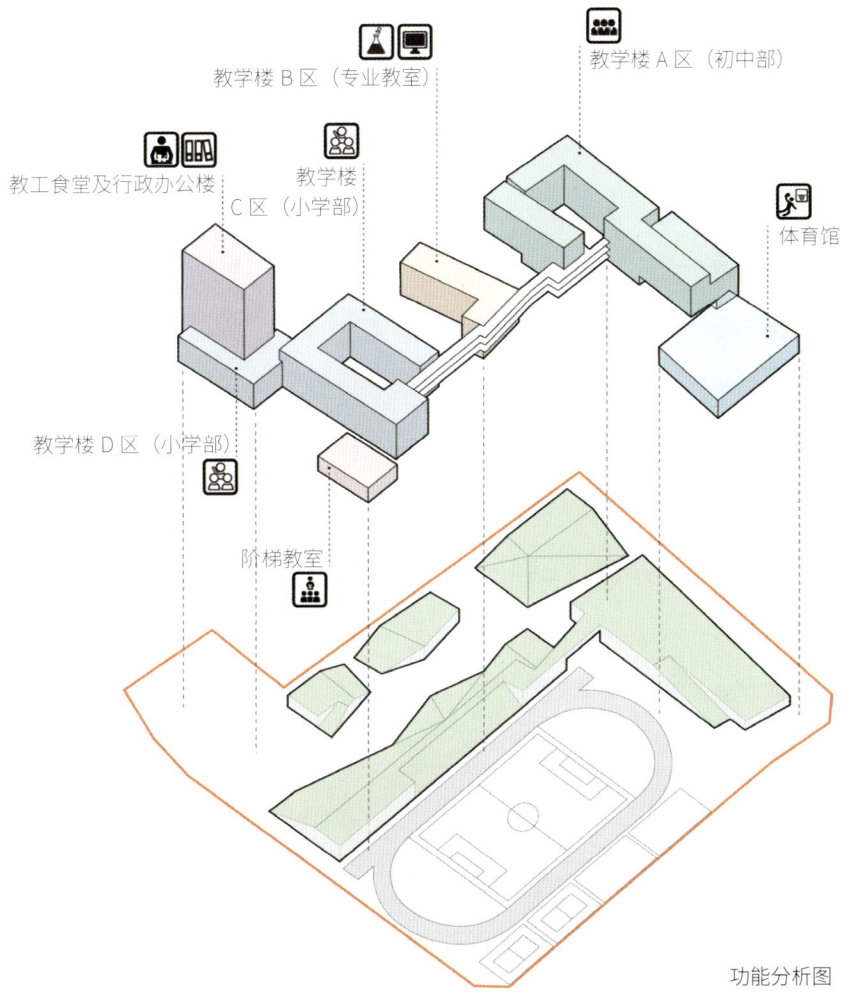

教学楼B区（专业教室）
教学楼A区（初中部）
教工食堂及行政办公楼
教学楼C区（小学部）
体育馆
教学楼D区（小学部）
阶梯教室

功能分析图

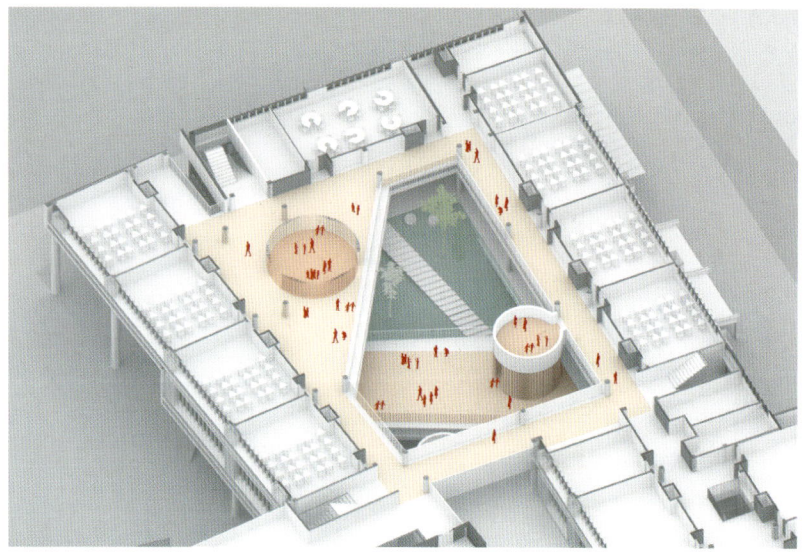

初中部庭院

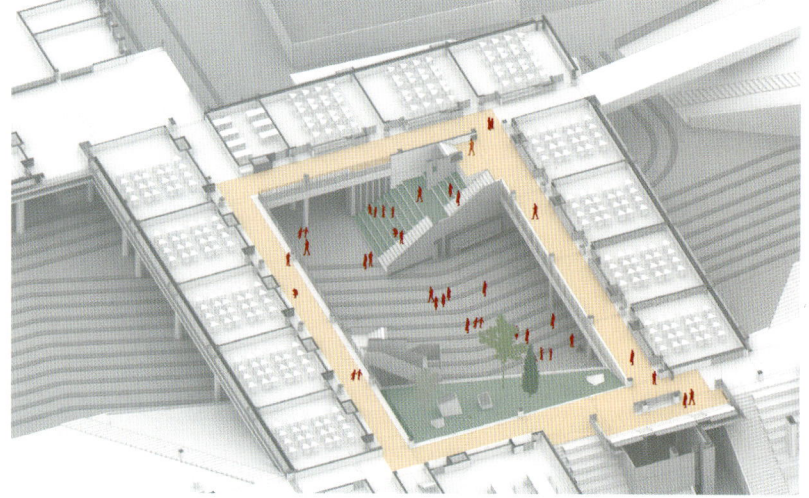

小学部庭院

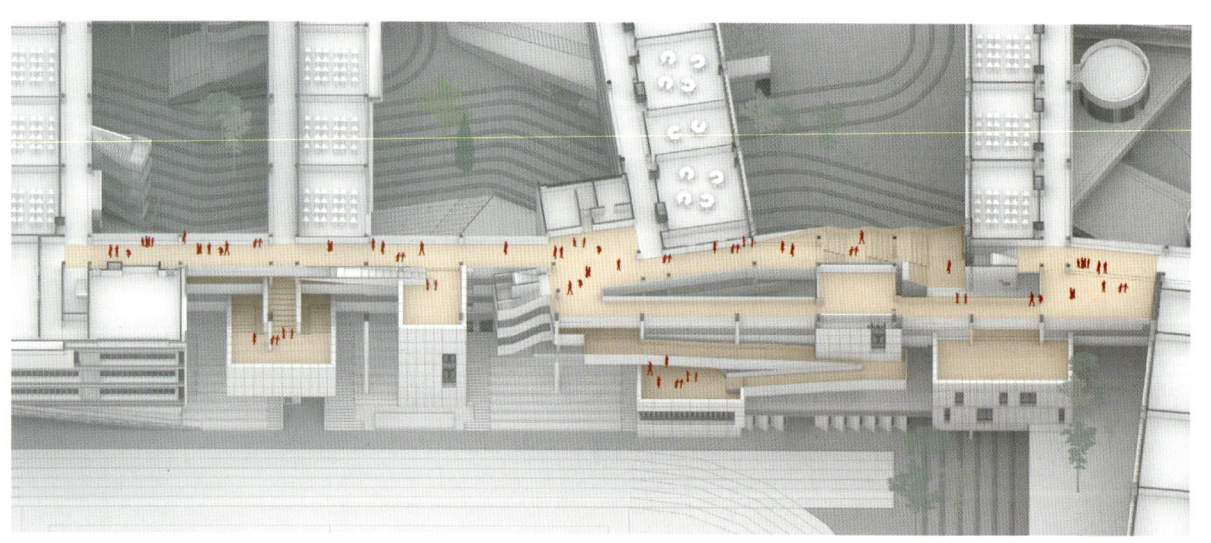

社交长廊分析图

项目初始，建筑师分别对中小学的教学内容、教学方式、心理特点与学习压力四方面进行了研究，发现充满想象力的小学生更适合多样的空间与游玩嬉戏的场所，而自我意识逐渐成熟的初中生则喜好安静的场所，偏好利于小组讨论的独立空间或在球场上运动。

基于需求，华中师范大学附属龙园学校的建筑规划呈L形布局，一方面将同质化的教学单元分区相对集中布置，在紧凑的间距下保证良好的日照，围合出风格各异的院落，院落并非直接落地，而是置于精彩纷呈的绿坡之上，以营造花园式的校园环境和充裕的活动场所。风雨操场紧邻室外运动场布置，与学校的教学区形成明确的动静分区；行政办公楼设置在入口，便于管理分流；教工食堂置入用地西南角，以利于物流运输，同时此处也处于深圳的主导风向的下风向，更利于气味的扩散。

作为教学区和运动区隔断的空中社交长廊,像一条梦幻通道贯穿校园整体空间,"金论坛""木舞台""水音室""火绘阁"与"土作坊"5个不同色彩的体量通过楼梯、坡道与廊道连通,同时注入平台、阶梯空间等大量多样化的交流空间,既丰富廊道的空间形态,又能降低运动场给教学区带来的干扰。孩子们在这里漫步、玩耍、相遇、交流与讨论,使学习成为一种富有乐趣的生活方式。

华中师范大学附属龙园学校的主要空间布局划分为小学部教学楼、初中部教学楼、阶梯教室、廊道区、体育馆、风雨操场、教工食堂及行政办公楼,不同的功能区通过台阶、坡道、小巷、连廊、院落相互连接,营造了一个功能互不干扰,空间上又能便捷连通的互动教学空间体系。

教室布置在较安静的内侧区域里,整体功能划分为地上部分和地景部分。地上部分为传统的常规教室,小学部和初中部分置于教学区的南侧和北侧,各自有单独的入口和人行流线,并将专业教室设置在小学组团与初中组团之间,方便不同年级学生的便捷到达,同时符合九年一贯制学校软硬件资源共享的理念。

地景部分则是个性化的教学空间的集合,包括音乐教室、美术教室、舞蹈教室、体操室和风雨操场等。地景设计将首层的架空院落与二层的平台紧密地联系在一起,起伏的草坡与室外平台形成丰富有趣的公共空间系统,为各种开放与探索性的学习方式提供了合适的场所,让孩子们游走在地面高低起伏的绿丘花园中,在自然中学习。

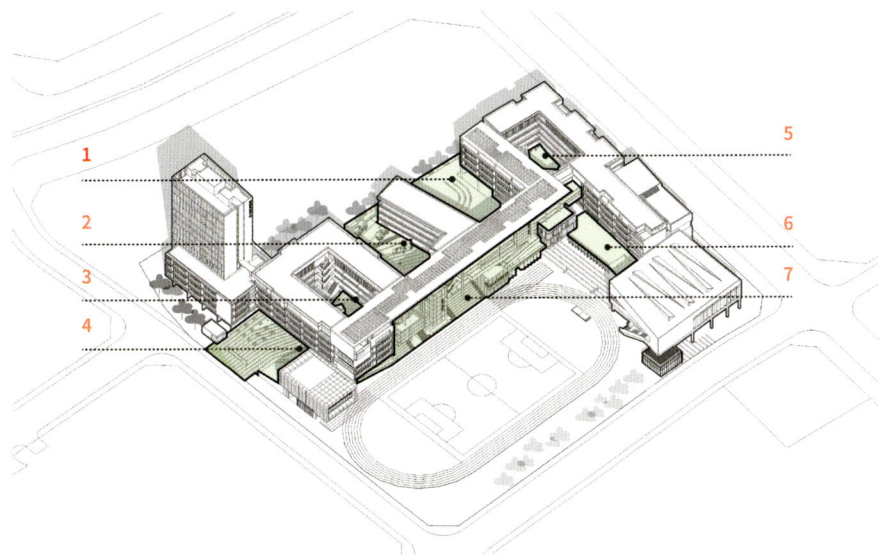

庭院分析图

1. 休憩庭院
2. 休憩庭院
3. 小学部庭院
4. 入口庭院
5. 初中部庭院
6. 运动庭院
7. 社交长廊庭院

剖面图

1. 种植屋面
2. 教工食堂
3. 传菜间
4. 粉面间
5. 备餐间
6. 面点间
7. 走廊
8. 烹饪区
9. 教工休息室
10. 行政办公
11. 阅览区
12. 小学六年级普通教室
13. 教师阅览区
14. 架空层
15. 教师阅览区门厅

小学生更偏爱活泼多样的空间形态，设计团队并没有使用一般意义上的儿童符号化、具象化的设计手法，而是在小学部入口的架空层通过多形态的空间布局，形成如同空间隧道般的梦幻场景，真正将建筑空间当成孩子们玩耍的乐园，激发孩子们的玩乐天性。楼道走廊大面积使用了代表着"初始"和"梦幻"的蓝色，与学校整体的黄色调搭配，显得更加亲切和富有趣味，令人安静与放松的环境氛围与孩子们的活泼跳脱形成动静的对比。

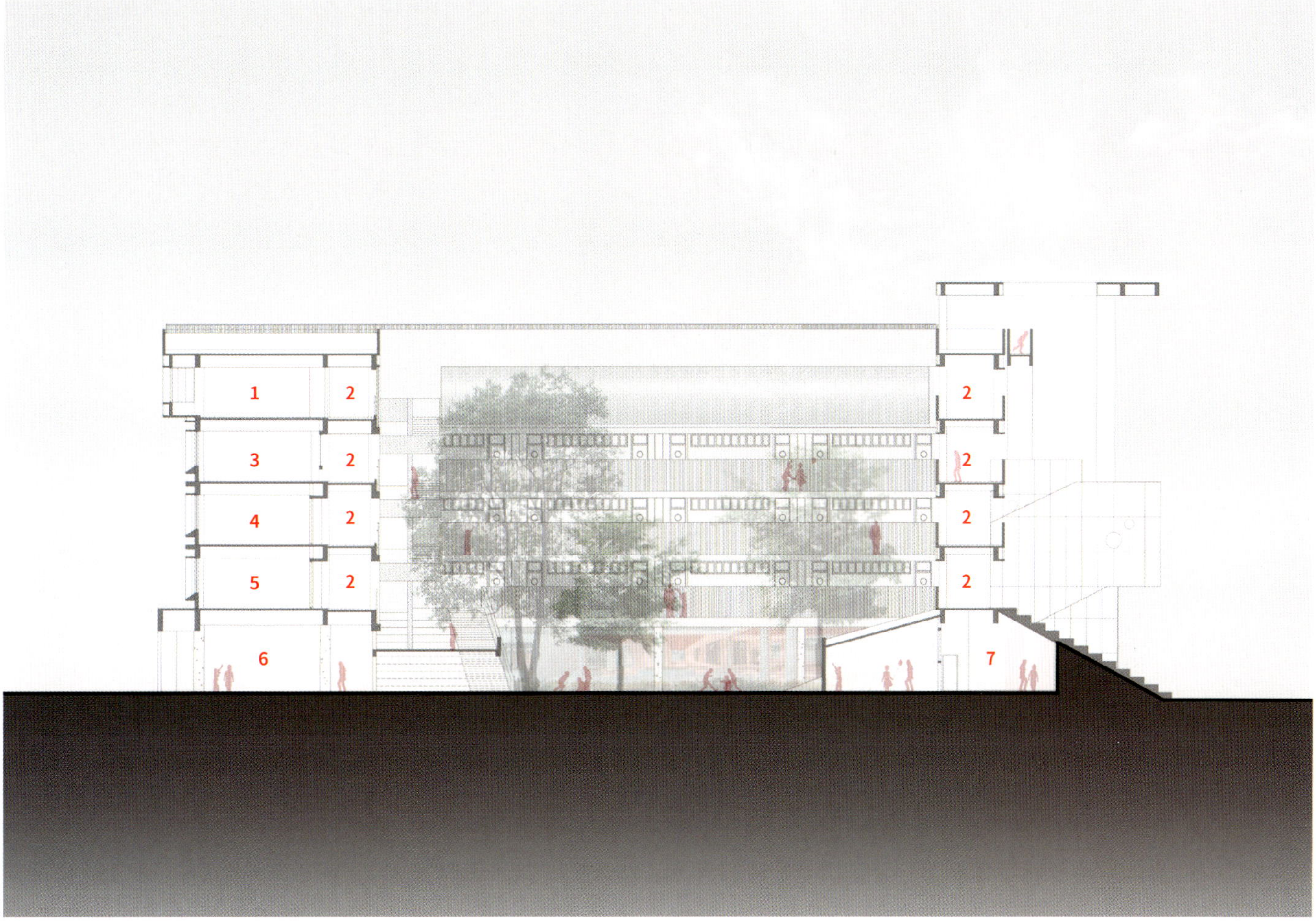

剖面图
1. 行政办公
2. 走道
3. 小学六年级普通教室
4. 小学三年级普通教室
5. 小学一年级普通教室
6. 乐器排练室
7. 劳动技术教室

初中部的建筑形态是由两栋教学楼和多层连廊围合而成的长方体空间，建筑向外的一侧保持着学校整体的黄色呈现，面向中庭的墙面则使用简洁的白色以反射过强的太阳光，浅蓝色立柱围合成小型休闲空间和露台，多层露台、架空走廊的立体呈现连通两侧的教学楼，满足交通空间的同时放大了公共空间的尺度，也为不同年级的交流和互动创造了更多的室外活动场所。

兴趣教室的原木色桌椅和木质阶梯搭配,温馨又增加了一些生活气息,天花板的铝板做了留缝处理,序列感的设计有更好的吸音效果。

图书馆的设计主要利用原有墙面的空间布局,在橡木本色的书架处增设了阅读区,并用布艺做了跳色处理以活跃空间气氛,既保证安全,又有视觉冲击力。

行政办公楼前厅结合运用铝板、铝方通和人造石等环保耐用材料,铝板冲孔成艺术图案的处理方式突出背景的主题。大面积绿色的使用,为室内增添清新、活力的氛围。

一所学校的核心使用人群是在这个学校里留存童年记忆的孩子们,学校的设计在不能改变传统教室空间形态的情况下,从更具人文化和创造性的角度思考,创造更多的易达性"空白"空间以激发学生互动,给予孩子们这个年纪应有的快乐空间。

149

建筑面积：85,481 平方米
项目地点：中国，义乌
建筑设计：零壹城市建筑事务所
设计团队：阮昊、陈文彬、
　　　　　聂月亮、陈琪
摄影师：吴清山
完成时间：2019 年

义乌新世纪外国语学校

——以小尺度营造呈现大格局与新视野

项目概况

由零壹城市建筑事务所从 2016 年开始设计的义乌新世纪外国语学校一期如今已投入使用，也刚结束了它的第一学期。这个位于浙江省义乌市主城区的学校是杭州新世纪外国语学校的分校，共有 48 个班的小学与 24 个班的初中。这是零壹城市建筑事务所一直以来持续关注与探究的高密度城市与教学空间设计问题的典型实践之一。

走进义乌新世纪外国语学校，整体设计所呈现出的是一个富有亲切感，充满童趣和探索欲望的校园，以孩子的视角为出发点，引入"走读式""社区式"和"社会式"的教学环境，激发孩子们的学习热情和创造力，也是一个兼备义乌本土根基和国际化视野的舒适校园。

首层平面图

1. 主入口
2. 次入口
3. 地下车库入口

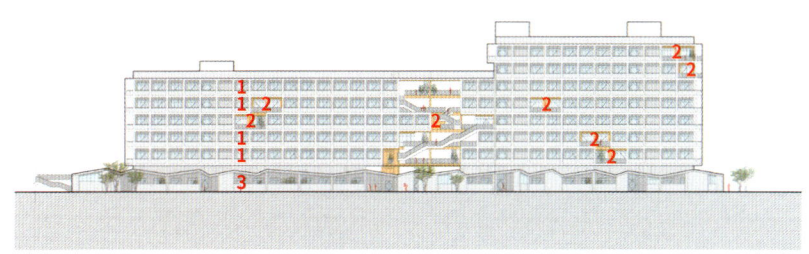

学生公寓立面图

1. 学生公寓房间
2. 共享活动空间
3. 教师公寓房间

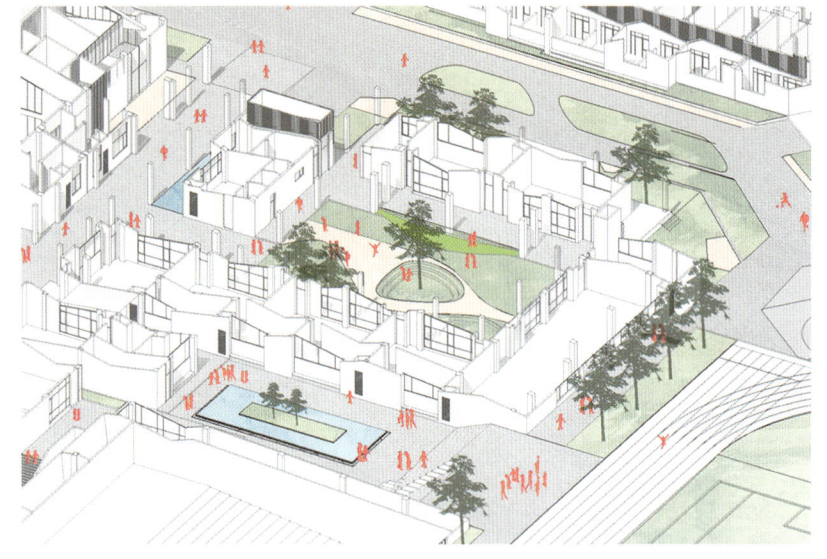

高密度环境下的舒适尺度

整个校园场地是一个呈 45 度朝向的矩形，建筑密度达到 1.4，远超 0.8 的平均标准，场地空间利用非常紧张。如此高密度环境下的校园建筑规划设计，是一场空间的游戏，也是一道数学题：通过规划的布局最终满足一个容积率的等式。解开这道数学题的同时，又能满足校园亲切舒适的尺度成了规划的核心问题。

聚焦这一问题，设计首先对学校的功能和体量进行分析，并整理出每一个教学单元和空间模块，然后将各个教学用房单元根据自身所需的日照、采光、通风以及朝向条件进行合理高效布置和摆放。公共教学用房单元以及校园公共空间铺开布置在首层，以使校园公共活动更多地在首层发生；教学楼、宿舍和风雨操场等建筑体量布置在二层及以上，以保证良好的日照、采光和通风。这样的布置策略是将大量同质化的教学用房单元集中布置，将节约下来的土地空间留给公共教学用房单元和公共空间，这也与义乌新世纪外国语学校的"小外交官"教学体系高度契合。

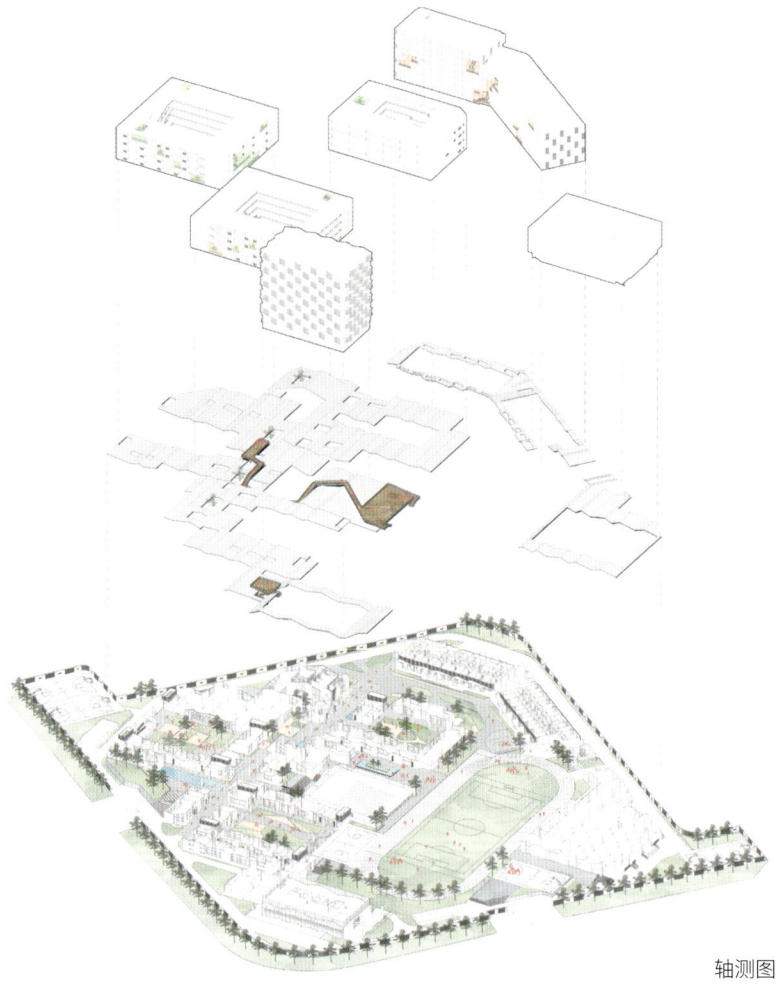

轴测图

本土根基与国际视野的有机融合

学校所在的城市义乌作为全球最大的小商品集散中心，被联合国与世界银行等权威机构誉为世界第一大市场。在兼具本土根基与国际视野的大环境下，义乌新世纪外国语学校同样有着传统国学文化与国际化教学体系兼容并重的教育理念，那么建筑空间如何应对理念所需的教学空间要求成为设计聚焦的又一个问题。

在教学空间的设置上，在基本的公共教室和实验室之外，首层还设有阅览室、音乐报告厅、艺术沙龙、舞蹈室、美术教室、书法教室、专家交流中心、校史馆、画廊等功能。并且各个功能被有机地结合在一起，以院落为中心集中布置，形成知识之院、科技之院、人文之院、艺术之院等主题空间。与此同时，为了整体打造校园环境，设计从空间结构、人造物与自然物的角度出发，将建筑、室内和景观融合在一起，达到一种"浸润式"的教学空间体验。

国际学术交流中心包含了教师办公、教育培训以及少量餐饮空间，建筑高度达 45 米。风雨操场可容纳两个标准篮球场，丰富了学校的体育运动功能。将国际化与本土化所需要的教学空间有机结合。

此外，设计在教室与地面集中活动场地之间创造了中间层级的活动场地，能使学生在课间短暂的时间充分玩耍。把教学楼和学生公寓局部的体块掏空形成半开放的活动空间，给掏空与开洞这种二维的建筑元素增加了一维，表面上看是把原有的实体空间减少了一部分，实则掏空的部分成了学生课外活动、接触自然的场所，增加了整体空间的丰富程度，反而达到了 100-1=101 的效果。并且，活动空间被设计为统一的明黄色，配合午间阳光的光影效果，为校园增添活力的同时，增强辨识度与归属感，促进学生们的沟通交流。

157

以小胜大的社区式校园

学校的老师们认可并且提倡教育不仅仅局限在教室空间内,走道、操场等都可以成为学习的空间,这个范围甚至可以扩大到城市中的街道、巷弄、院子、广场、公园等,让孩子们通过融入社区去自我学习和成长,在整体的经历和个人意识的逐渐形成中,个体能去和公众生活乃至社会发生接触,而这方面的教育不是课堂上能够直接教授的。为此,校园中的教育活动场所不应仅着眼于教室,而是以城市规划的视野作为出发点。校园首层的建筑形态以当地江南水乡的坡屋顶建筑为原形进行排列组合,并置入了"街道""巷弄""院子""口袋公园"等有趣友好的场所,强化校园的社区感,"大街小巷"之间互相连通,并连接着一个个小而美、小而亲的场所,生态开放,恬静安逸,为孩子们带来"浸润式"的教学空间体验,引发孩子们互动玩耍、学习交流的热情。

追寻面向未来的传统空间体验

校园首层裙房的折面屋顶铺满了小青瓦,是中国传统建筑中最常见的材料之一。从上层建筑向外眺望就可以看到,瓦片不仅起到为建筑屋面保温防水的作用,还为整个校园带来了一份优雅和淡然。校园内的场地东北侧和西南侧的标高有着3～4米的高差,屋顶的折面巧妙地结合了地形,在高差最明显的地方屋顶与地面相连,使人能够直接漫步到裙房的屋顶,感受到层层叠叠的瓦片所带来的时间沉淀后的痕迹和感染力。材料和形式上的创新设计和面向未来的处理手法能够将人带入到本土化的传统空间体验。

一天即将落幕,在校园首层漫步时可以通过院子强烈地感受到上层建筑的存在,首层裙房的各个院子呼应着上层建筑的形态,虽然二者有着不尽相同的尺度,但上与下仍有着一种几何和视觉上的张力,它们之间建立起的一种微妙的视觉关系,让上层建筑像是漂浮在"瓦海"上"指航灯"一样,为校园带去明确的空间指向性,两者唇齿相依,相得益彰。

整个学校的概念策略、空间形态和场所定义描绘了一幅全新生动的体验式教学图景,设计作为实现的媒介为义乌新世纪外国语学校的师生提供了更多的教育体验和可能性。而贯穿其中的设计聚焦点——教育类空间在城市高密度环境中的微妙立场,国际化教学体系与传统国学文化兼容并重的有机教学空间,面向未来的传统空间体验营造——也是飞速城市化进程中的中国所普遍面临的问题,更是零壹城市建筑事务所一直以来并且会持续关注的高密度城市与教育空间问题的研究点。

161

建筑面积：50,000 平方米
项目地点：广东，深圳
建筑设计：筑博设计—城市建设公司
设计团队：赵世军、后明中、邹国华、
　　　　　吴必达、杨慧来、郭耿、
　　　　　姜日高、詹晓波、刘明祥
合作单位：联合大道建筑设计咨询
　　　　　（北京）有限公司
摄影师：一拍即合 / 厉跃胜
完成时间：2018 年

万科双语学校
——满足素质教育需求的自然校园

项目概况

现代学校需要有充满自然的、开放的学习空间和满足师生间交流公共空间，但是包含有课堂教学、体育运动、兴趣拓展的多位一体的综合性现代学校的需求与现代城市受限制的用地空间和繁杂环境的现实，成了学校设计的两个对立面。如何在限定条件下实现自然校园设计的核心诉求是需要认真思考的问题。

万科双语学校位于深圳市龙华区民治街道，由万科兴业房地产开发有限公司投资兴建，由万科梅沙教育运营的九年一贯制私立学校，满足 36 个班约 1680 名学生的使用需求。以"基础课堂教学 + 体育艺术培养 + 兴趣拓展"为核心的自然校园为设计要点，通过对空间的合理利用和布置，创造出更具开放性，更利于沟通交流，更亲近自然的学习环境。

本项目既要强调内在的开放性和流动性，又要对外部复杂的城市环境强调一定的内敛性，因此使用了架空层和内庭院的设计方式。首层架空区域作为流线组织及人员集散的主要场所，内庭院的设置则是在喧嚣的都市环境中营造了一方宁静的空间。建筑规划时面向运动场采用 C 形布局和架空连廊连接，各层之间在连廊段做退台处理，利于各层之间的水平交通，有效分隔运动场的使用因素对教学区的影响。

按照对设计任务的梳理，通过对教学内容、交流方式、活动特点等因素的研究，在水平和垂直两个方向上合理组织学习空间、交流空间、运动场地和游戏空间。

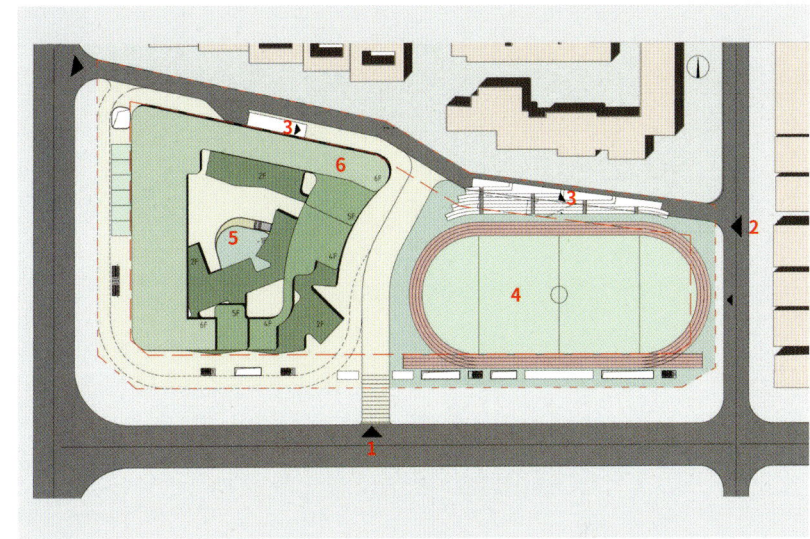

总平面图

1. 学校主入口
2. 机动车出入口
3. 地下车库出入口
4. 运动场
5. 下沉庭院
6. 教学楼

166

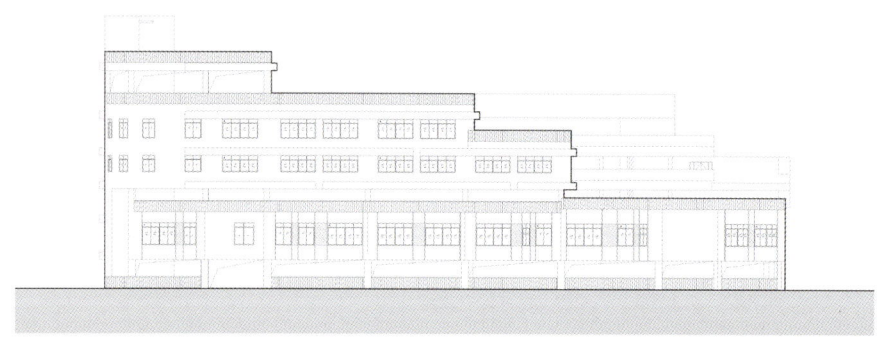

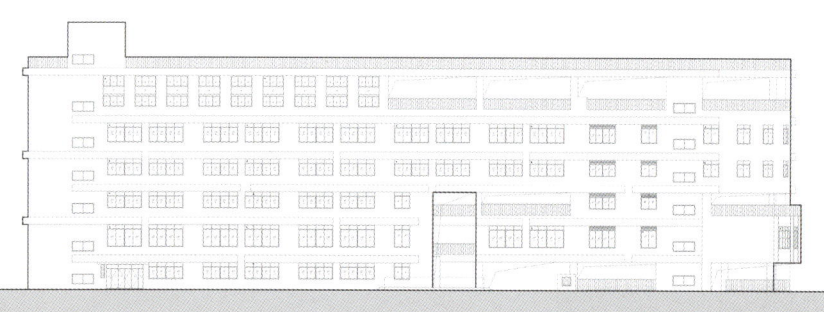

立面图

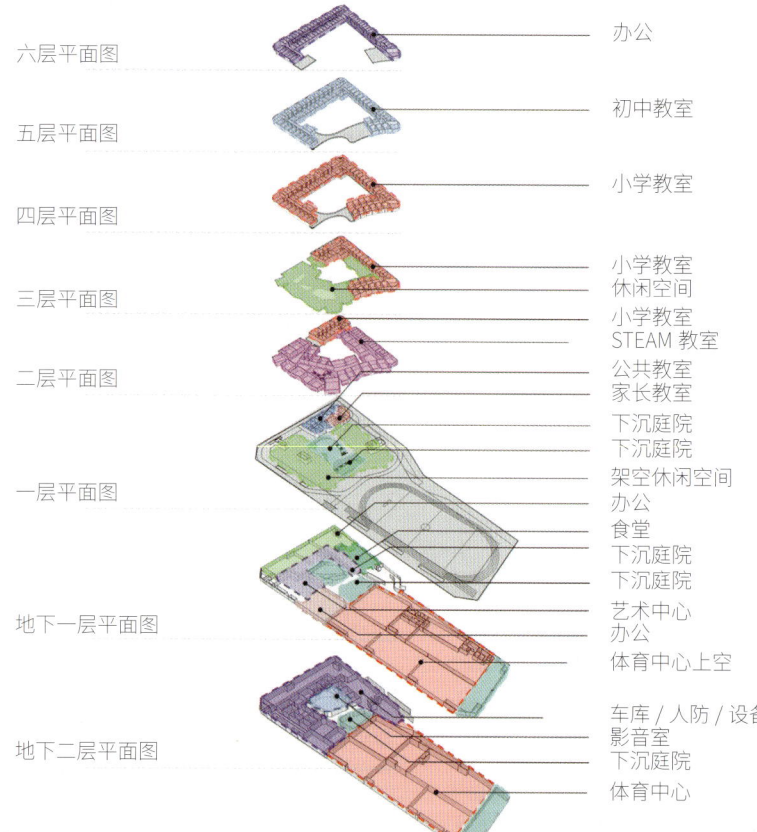

六层平面图	办公
五层平面图	初中教室
四层平面图	小学教室
三层平面图	小学教室 休闲空间
二层平面图	小学教室 STEAM 教室 公共教室 家长教室 下沉庭院
一层平面图	下沉庭院 架空休闲空间 办公 食堂 下沉庭院
地下一层平面图	下沉庭院 艺术中心 办公 体育中心上空
地下二层平面图	车库 / 人防 / 设备 影音室 下沉庭院 体育中心

示意图

考虑到噪声、日照、教学功能布置等要求，将综合使用性最高的专业教室布置在二层并配套大面积的活动交流空间。图书室布置在建筑的北面，有采光要求的普通教室布置在南面或东面，报告厅布置到负一层。普通教室按照小班教学模式设计，配套有先进的声光视听设施、储物柜及展示台等。

教学区室外的活动区域，按照交通空间、室外活动休憩空间、室外用具存放空间的要求综合考虑设计，配合以装修材质、饰面颜色等元素。

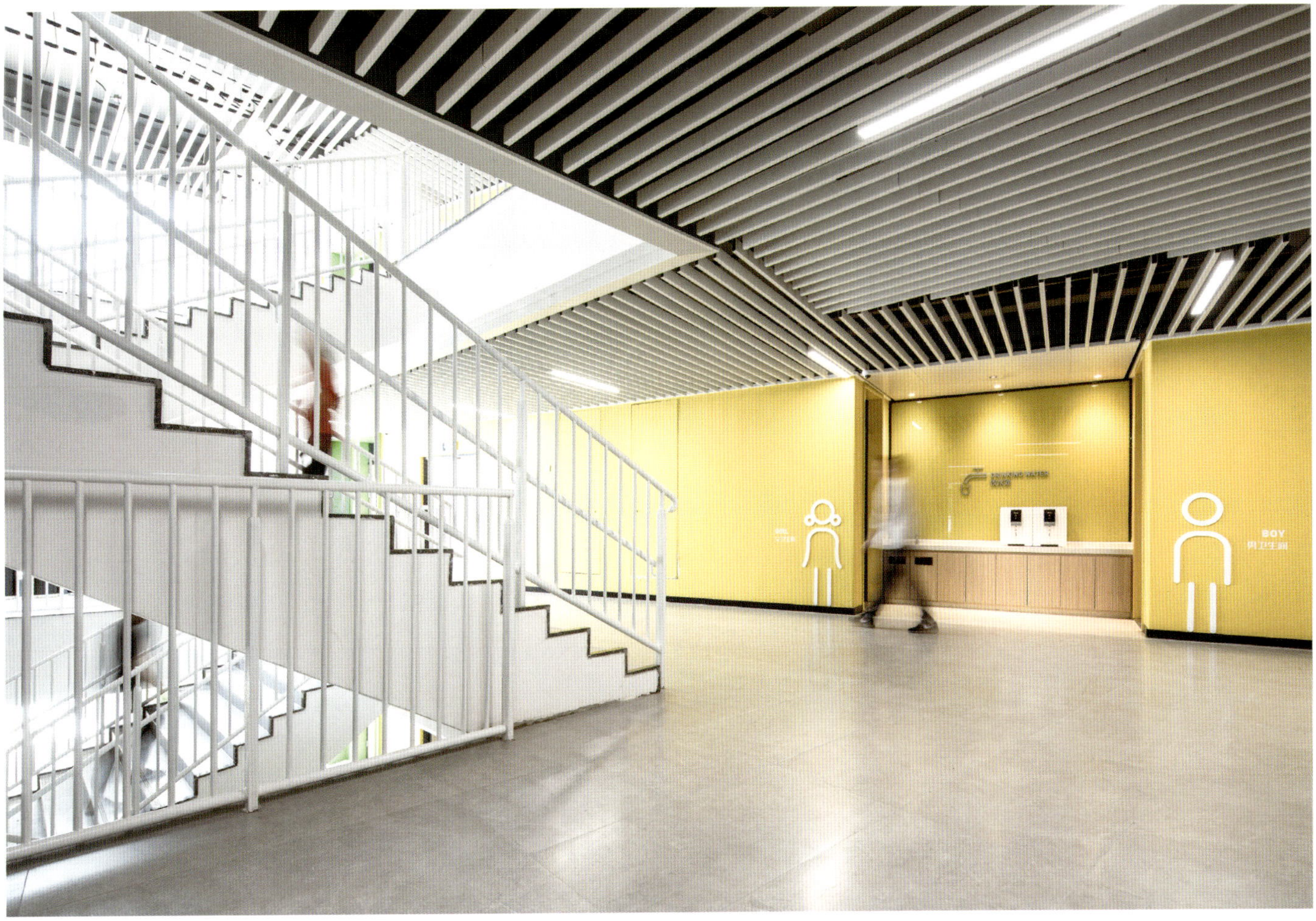

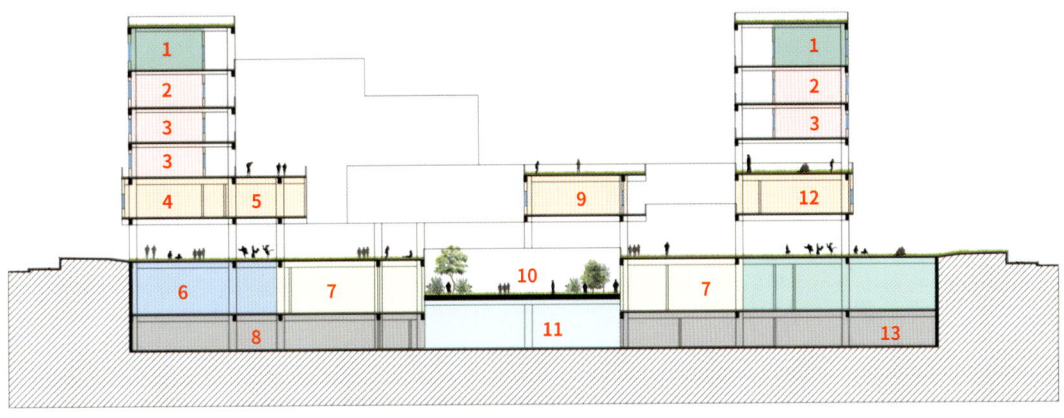

剖面图

1. 办公室
2. 初中教室
3. 小学教室
4. 器材室
5. 信息教室
6. 食堂
7. 艺术教室
8. 停车库
9. 科学教室
10. 下沉庭院
11. 多功能厅
12. 地理教室
13. 设备用房

建筑面积：9383平方米（含地下建筑面积 1984平方米）
项目地点：中国，河源
建筑设计：陶郅、邓寿朋、苏笑悦
设计团队：陶郅、邓寿朋（总负责）、
龚模松、吴倩芸（结构设计）、
黄晓峰、陈涛、
黄志炜（电气设计）、
岑洪金（给排水设计）、王钊、
彭蓉（空调设计）、
赵立华（节能设计）
摄影师：陶郅工作室
完成时间：2018年

广东省河源市源城区特殊教育学校
——村中"村"

项目概况

项目位于广东省河源市，学生年龄段在6～12岁。基地处于一片低层高密度的民居之中，招收的孩子也大多来自于此。自由紧密排布的两三层小房屋，曲折的村道是孩子们最熟悉的元素。为此，设计从村落的原形入手，将学校按照使用功能拆分为若干个小体量建筑。各体量顺应用地边线自由布置，尽可能大地围合成内向的活动院落。低层高密度的校园空间特质、灵活的体块布局与周边村落相得益彰。从村落到学校，空间尺度自然过渡，增强学生对校园空间的认同感。值得一提的是，原基地西南侧有一高度约10米的小山包延伸至用地内部1/3的面积范围，设计想依坡就势，在山坡上布置各功能体块。但用地北侧与南侧未来将会各建设一条城市道路，道路占用的山体将会被铲平，这样一来，用地范围内的山坡面积极少且孤立，只好作罢，实为可惜。

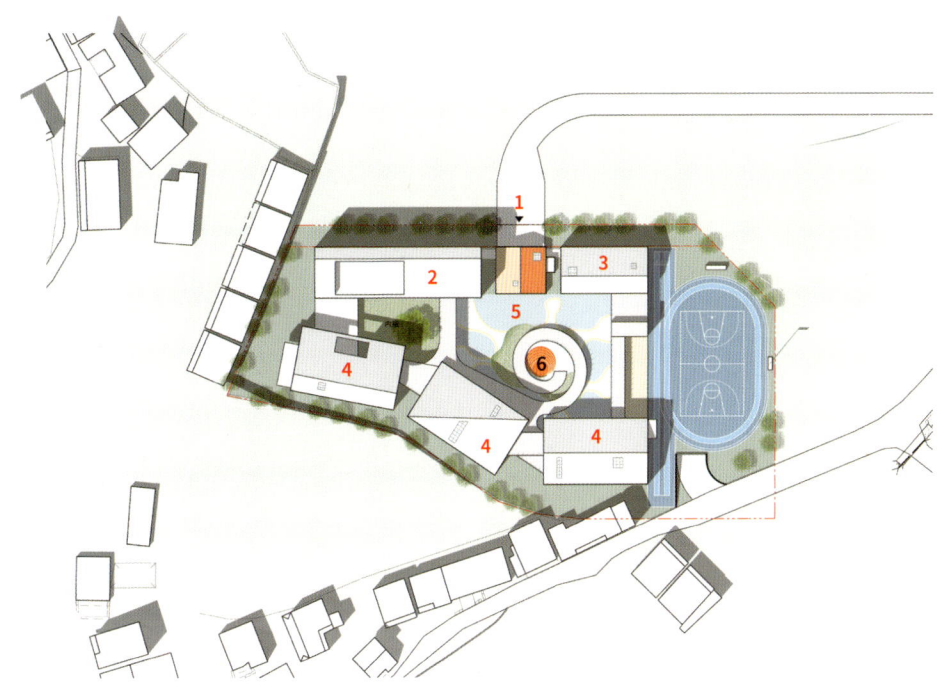

总平面图

1. 主入口
2. 学生宿舍楼
3. 行政办公楼
4. 教学楼
5. 活动内院
6. 下沉舞台

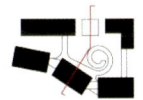

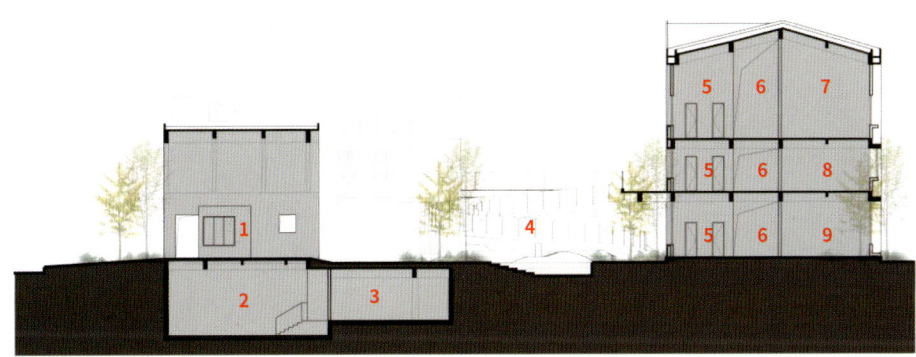

剖面图

1. 入口大门
2. 水泵房
3. 地下停车库
4. 共享坡道
5. 办公
6. 走道
7. 图书阅览室
8. 普通教室
9. 律动教室

校中"家"

随着城市的发展，周边民居命运未知，学校的建筑语言力图为孩子们保留最初"家"的记忆。各功能体量采用不同的坡顶形式，形成独一无二的小房子，增强标志性；在立面设计方面，建筑外墙以白色为主，与周边浅色调的民居呼应，东西山墙面也采取与民居相同尺度的方洞，自由散落在白墙之上，在体现民居特色之余不乏现代感。各小房子通过自然柔和的连廊联系为一体，好似蜿蜒的村道般在建筑之间流动。

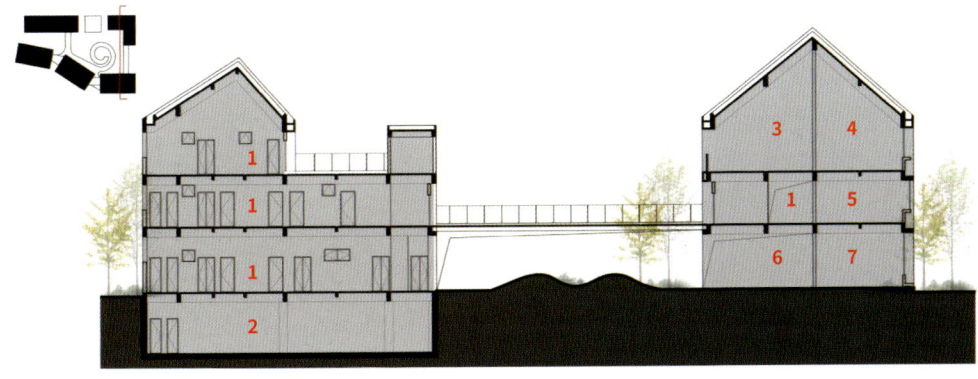

剖面图
1. 走道
2. 发电机房
3. 活动空间
4. 情景教室
5. 普通教室
6. 架空活动空间
7. 体育康复训练室

设计将孩子们心中的滑梯再现出来：在内院中心设计一条螺旋上升的共享坡道。共享坡道按照1∶12无障碍坡道坡度设计，平面呈螺旋形逐渐内缩。坡道的起点直接对着入口大门，让孩子们一进入校园即可看到坡道入口。坡道与连廊如同趴在建筑之上的一只变色龙，而共享坡道即为变色龙的尾巴。

清晨的阳光冉冉升起，家长带着孩子们沿着共享坡道走进二层课室；傍晚放学，伴随着太阳缓缓落山，家长手牵着孩子也顺坡而下，各回各家。日出而学，日落而息。上下学，这一最基本的行为像加入了某种仪式感。共享坡道原本为孩子们设计，使用的时候由于要接送，家长也随同体验了一番。一圈坡道，两代人生。

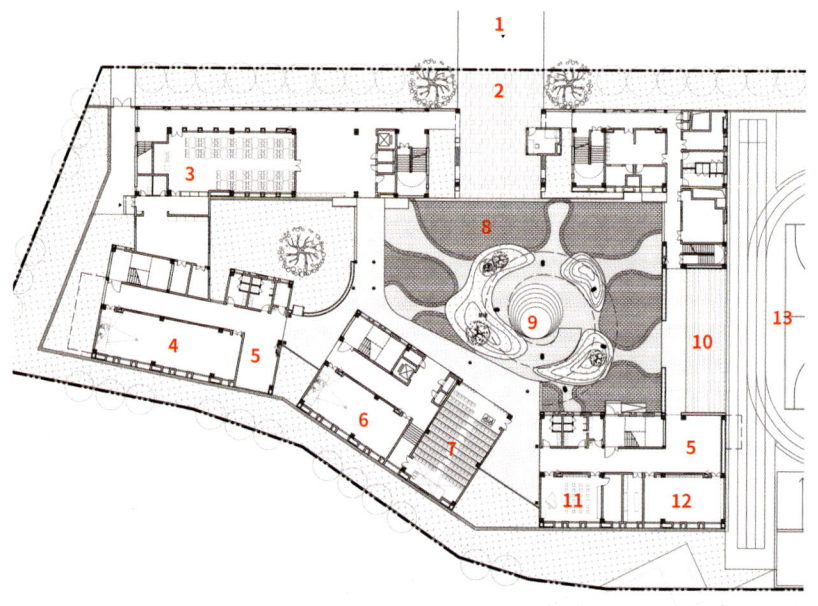

一层平面图
1. 主入口
2. 入口广场
3. 食堂
4. 综合训练室
5. 架空活动空间
6. 律动教室
7. 多功能活动室
8. 活动内院
9. 下沉舞台
10. 木质看台
11. 唱游教室
12. 体育康复训练室
13. 运动场

特殊教育学校实行"医+教"相结合的教学模式，相关规范对于建筑的设计要求更加详细与严格，设计余地受到很大影响；此外，由于受教育群体的特殊性，这类学校尤其注重管理工作，加强管理意味着安全，但均质化的校园空间，固定的学习行为与学习场所是否学生真正需要与喜欢。

由于感受到自身与其他孩子的不同而缺乏自信，接受特殊教育的学生往往很难与他人进行正常沟通，从而导致自卑、自闭。因此，培养学生正常的沟通能力对于他们的身心发展十分重要。而均质化，忽视学生个性需求的校园空间很难诱发沟通行为的产生。为此，设计师试图做出改变，设计出孩子们真正喜欢的校园空间。

二层平面图

1. 学生宿舍
2. 屋顶平台
3. 教师办公室
4. 普通教室
5. 共享坡道
6. 主任室
7. 社团办公室
8. 电教器材室

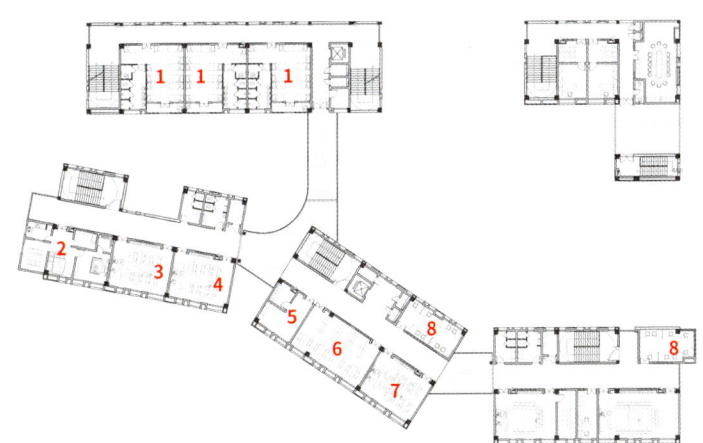

三层平面图

1. 学生宿舍
2. 家政训练室
3. 劳技教室
4. 语训教室
5. 心理咨询室
6. 图书阅览室
7. 计算机教室
8. 教师办公室

四层平面图

1. 学生宿舍
2. 活动室

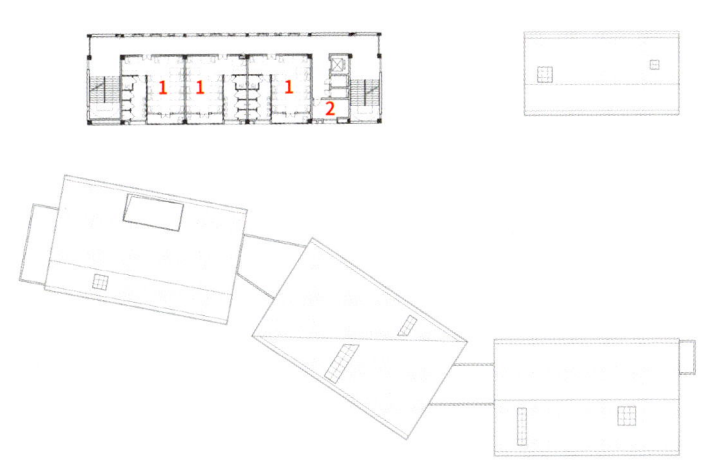

建筑面积：28,089.32 平方米
项目地点：中国，温州
主创设计师：方晨光
建筑设计：FAX 建筑事务所
景观设计：浙江绿建设计院
设计团队：陶文市、王庭梁、周蕾蕾、王盈盈、张心谷、包诗枫、谷铖钰、林学冉
摄影师：隋思聪
完成时间：2017 年

温州道尔顿小学
——由老厂房改造而成的精品小学

项目概况

随着城市化进程的快速推进，温州主城区不断向东扩移，居住、生活、工作、学习等功能需要不断完善。致力于教育事业的立可达企业也顺应了当下城市发展潮流，将企业的老厂房改建成一所精品小学。

建筑是凝固的音乐，也会是令人愉悦的空间雕塑。根据原有建筑空间的特性，在满足功能的前提下，尽可能多地创造出丰富的公共空间，让阳光照进来，让风穿堂而过，让孩子们都能找到许多好玩有趣的活动场地，伴随着他们成长，获得各种尺度的空间体验。

建筑立面

建筑外墙是穿孔铝板，图案为精心设计的树叶和树影的样式。

景观绿化

为了让孩子们在学习生活的同时感受四季更迭的自然变化。围绕各个建筑功能空间，分别设置了4个景园：春园、夏园、秋园、冬园。

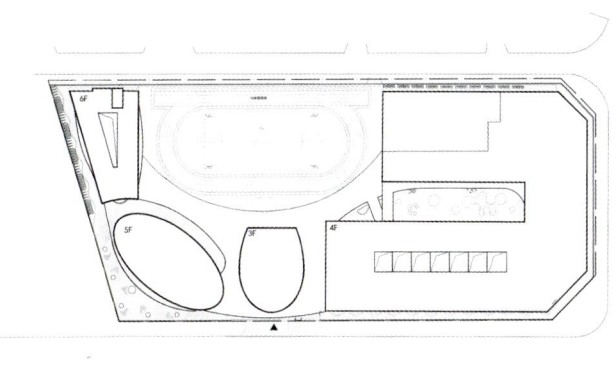

总平面图

剖面图

剖面图

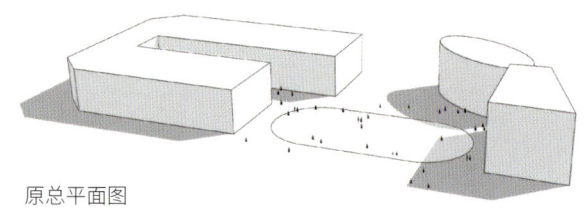

原总平面图

空间特点

校园主入口圆厅
这里是从城市外部环境过渡到校园内部的前厅，也是小朋友和家长们走近校园的第一空间印象。它不但是老师们欢迎小朋友们入学前的大客厅，也是放学后，家长们等候的区域。大厅圆顶巨型天幕将根据不同活动需要，播放各种脑洞大开的画面。大厅中央，节节攀升的主楼梯也将是孩子们入学前与毕业后最好的留念场所。

公共活动平台及连廊
根据建筑场地狭长的特点，弧形大平台的设置是建筑改造设计的一大亮点，它将学习、生活、娱乐等各功能建筑连成一体，也是风雨走廊。特别是在雨季许多的江南温州，就显得尤为重要。当学校举行体育活动的时候，又是孩子们观看比赛的天然看台。

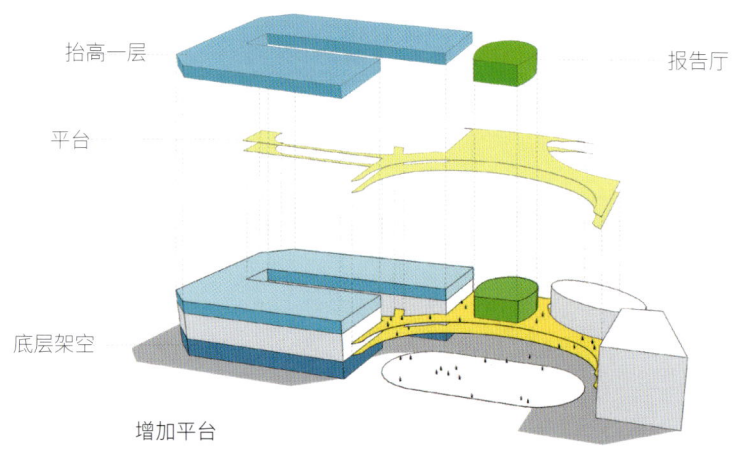

抬高一层　　报告厅
平台
底层架空
增加平台

主教学楼中庭采光天井
改造后的教学空间相比其他常规学校要大，中庭采光天井的设置，阳光能穿透四层空间直达底层教学区。中间悬挂楼梯连接各楼层。

主教学楼北侧底层活动空间
设计考虑到在雨季的时候能为孩子们提供尽可能多的活动场地。教学区北侧底层大部分空间设有下沉式玩乐区、室内跑道、半篮球场、滑滑梯与阶梯组合的多用途空间等。

底层一年级教室
宽敞高大的教室里设有小夹层，为低年龄段孩子提供午休场地。旁边角落还有螺旋滑梯。教室南侧为大面落地窗，可直接看到室外花园。

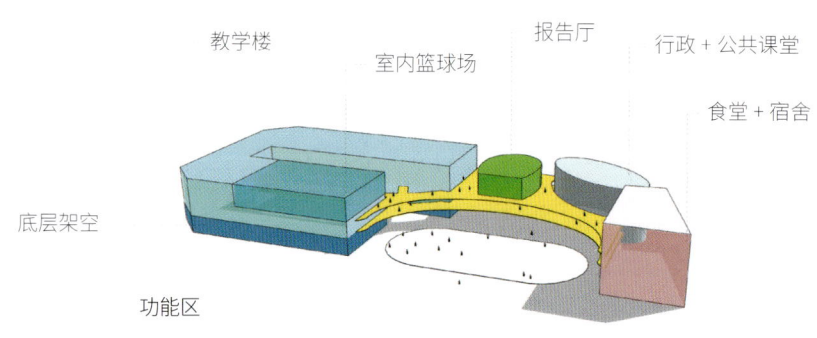

教学楼　室内篮球场　报告厅　行政+公共课堂
食堂+宿舍
底层架空
功能区

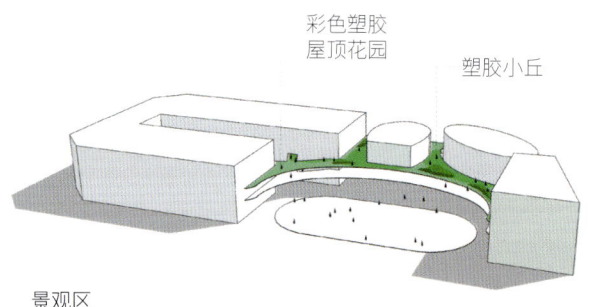

彩色塑胶屋顶花园　塑胶小丘
景观区

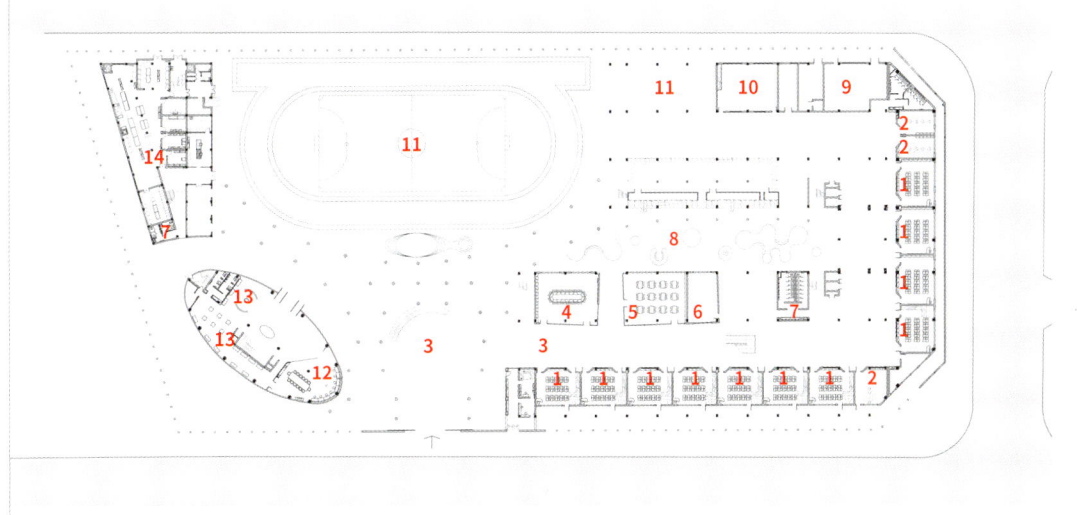

一层平面图
1. 教室
2. 办公室
3. 门厅
4. 少先队
5. 棋室
6. 医务室
7. 卫生间
8. 内庭院
9. 配电房
10. 器材室
11. 操场
12. 家委会
13. 校园文化展示
14. 厨房

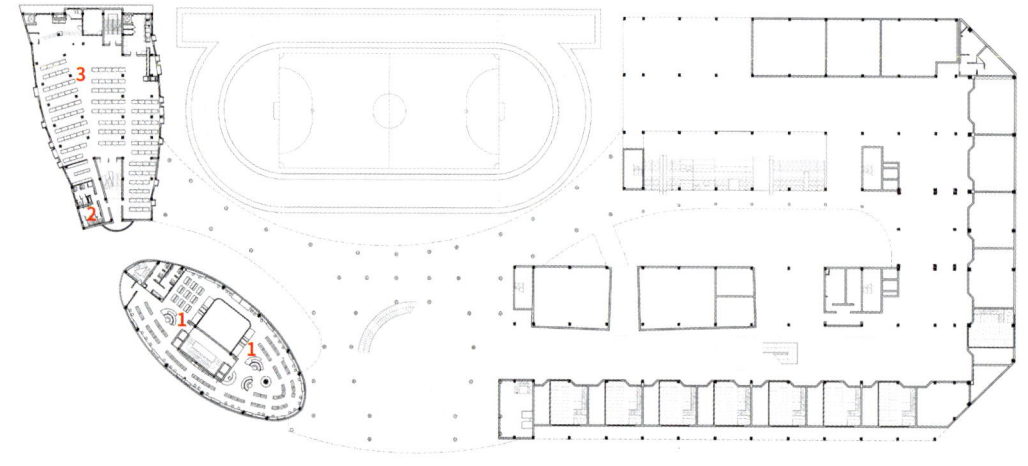

夹层

1. 图书室
2. 卫生间
3. 食堂

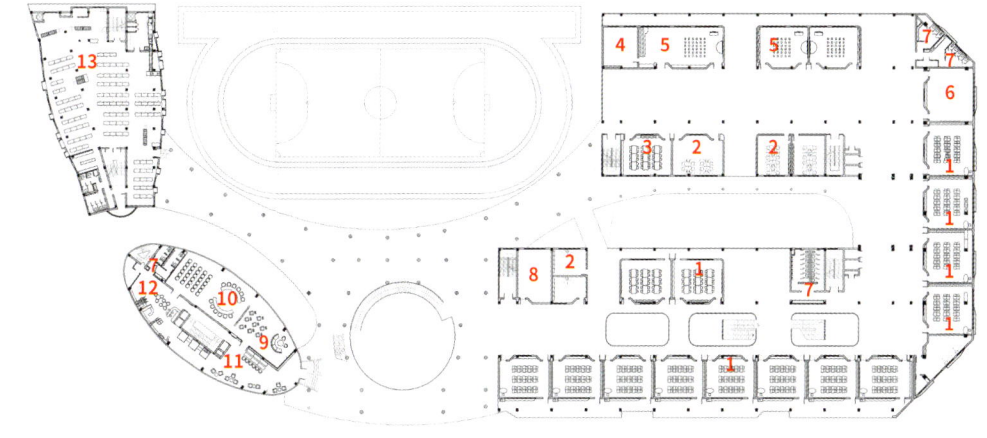

二层平面图

1. 教室
2. 办公室
3. 手工教室
4. 器材室
5. 音乐教室
6. 活动室
7. 卫生间
8. 信息中心
9. VIP 多媒体视听室
10. 会议室
11. 互动交流
12. 咖啡厅
13. 食堂

南侧教室双走廊设置
南侧教学楼，二层以上教室设置双面走廊，也是每个班级各自的小花园。

主教学楼各层公共空间
教学楼每层都会有几个宽敞开放的公共空间，对应学生们的年龄创建不同主题的空间。还将数字多媒体融入其中。比如一层为乐高主题，二层是艺术展览主题，三层、四层为科技主题等。

室内篮球场
主教学楼设有标准室内篮球场。

多功能剧场
多功能厅配备专业化的音频视频设施，能满足所有活动需求。

三层平面图

1. 教室
2. 办公室
3. 科学教室
4. 活动室
5. 卫生间
6. 室内篮球场
7. 跆拳道馆
8. 多功能剧场
9. 舞蹈室
10. 广播站
11. 食堂

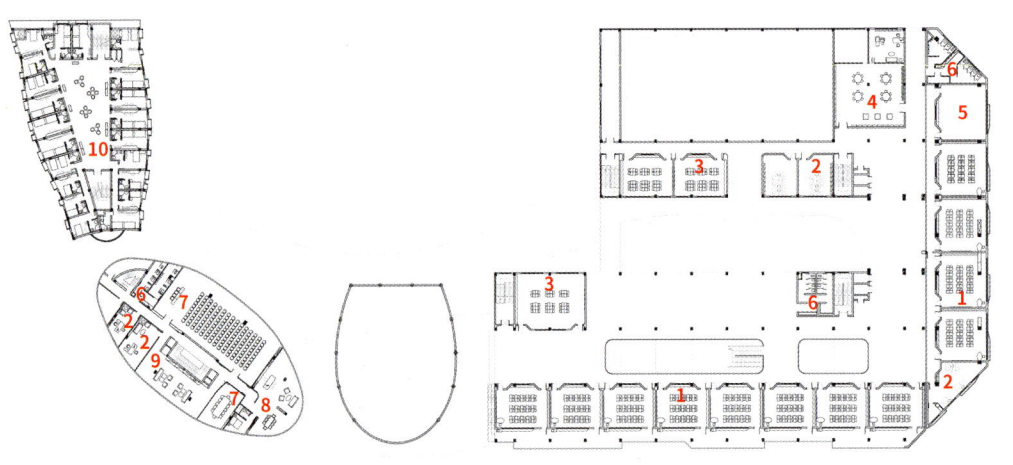

四层平面图

1. 教室
2. 办公室
3. 未来教室
4. 阅读室
5. 活动室
6. 卫生间
7. 会议室
8. 校长室
9. 接待区
10. 宿舍楼

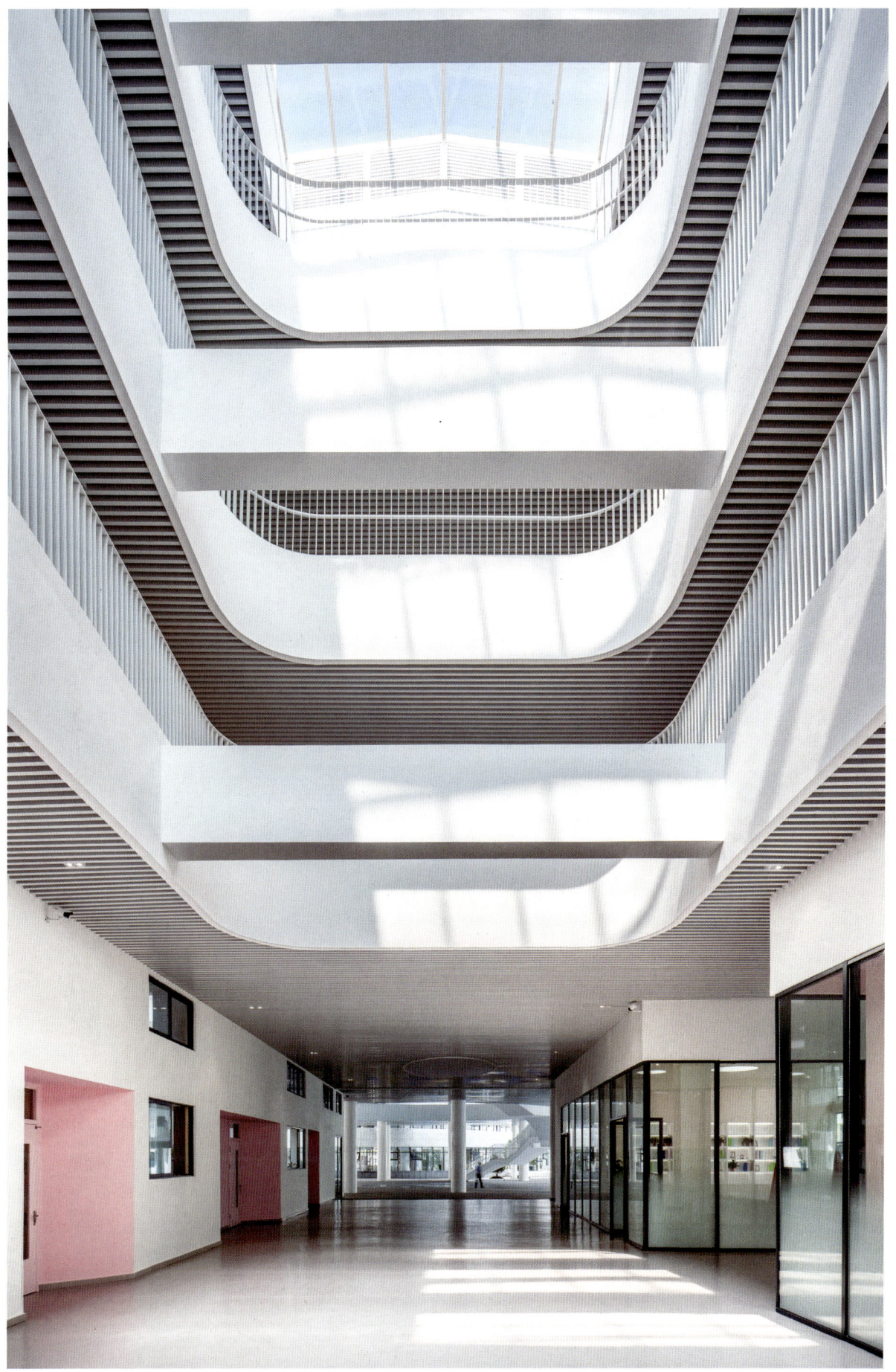

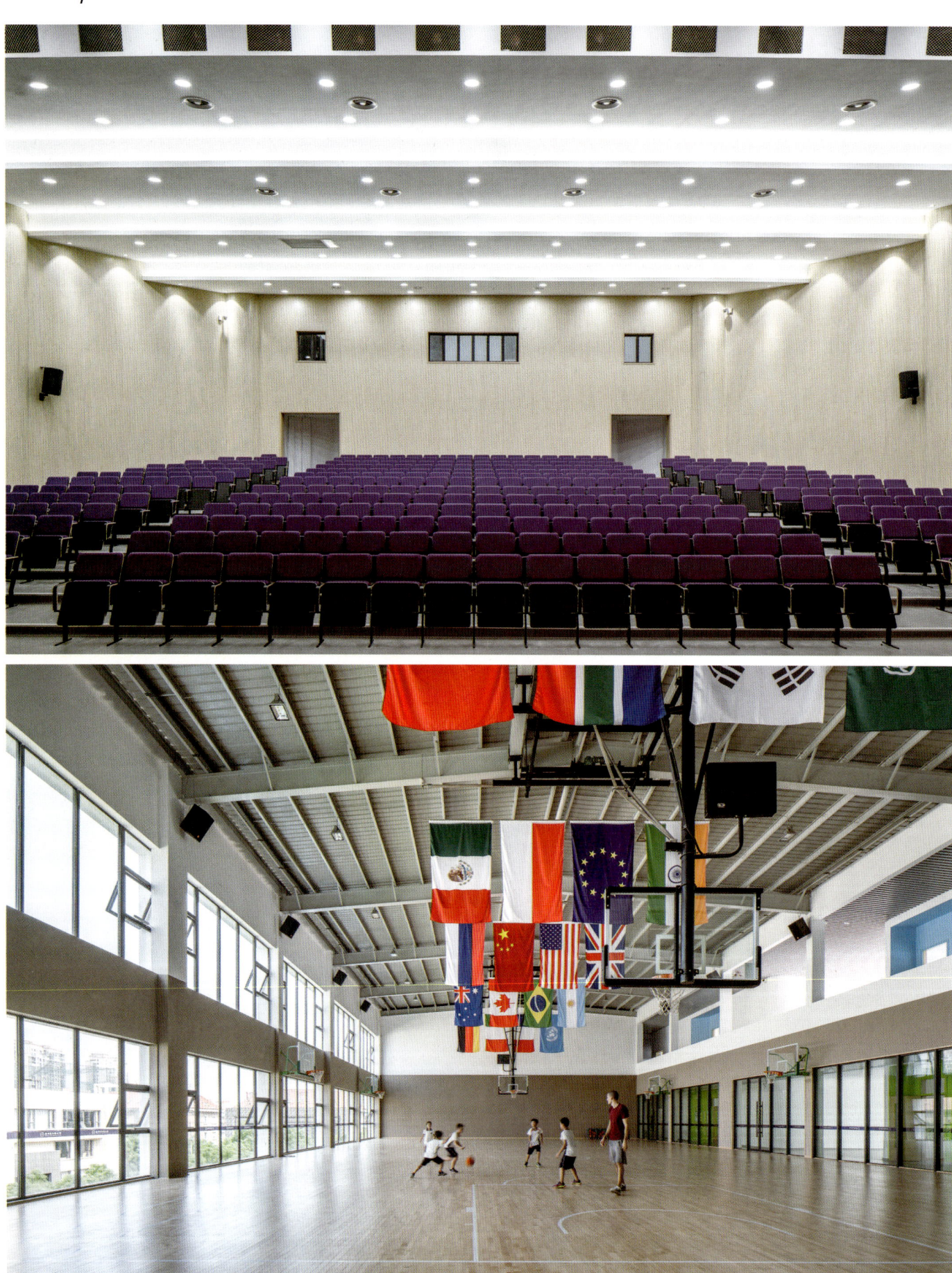

建筑面积：4095平方米
项目地点：新西兰，马尔伯勒
建筑设计：迪克逊·琼斯、保罗·乔利
景观设计：麦格雷戈·史密斯
摄影师：保罗·里德尔

马尔伯勒学校
—— 一个与商业建筑和谐共处的校园

项目概况

马尔伯勒社区决定在原有的维多利亚时代学校的原址上打造一所全新的学校。重建工作极具挑战性。除了需要一所更大的小学，拥有超过2500平方米的室外学习和游戏区域，还要求在场地内建立一栋新的商业建筑（办公/零售）和一条人行通道。因此，设计师面临的挑战是如何在这块封闭的城市场地上实现高密度的空间，同时完美取代原有学校。东侧10层公寓楼的体量限制与西侧5层的空白墙形成鲜明对比，并构成了跨越场地的阶梯式背景。为此，设计师建立了一系列层叠的"花园露台"，提供了可从教室直接进入的丰富多样的室外活动区。整个学校围绕这个垂直部分展开，依次排列着为3～5岁，5～7岁，9～11岁学生的使用空间。同时，主厅和多功能空间排布在"露台"之下，成了学校的社交中心。

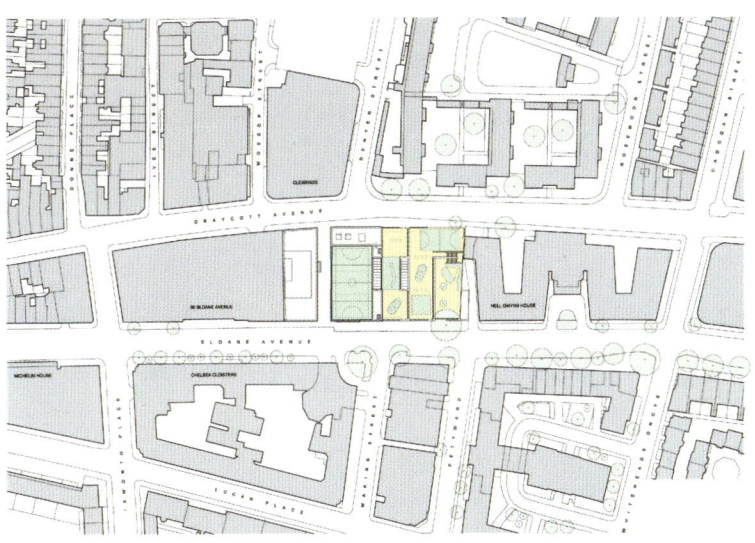

总平面图

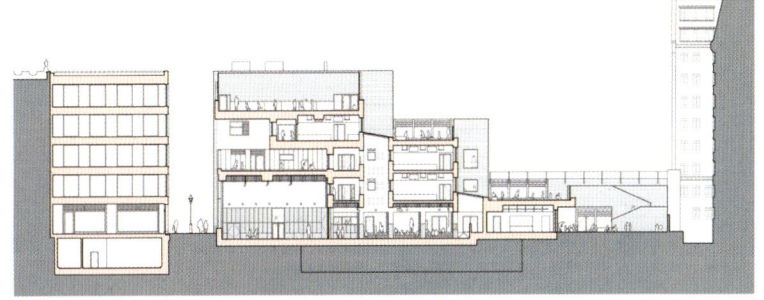

剖面

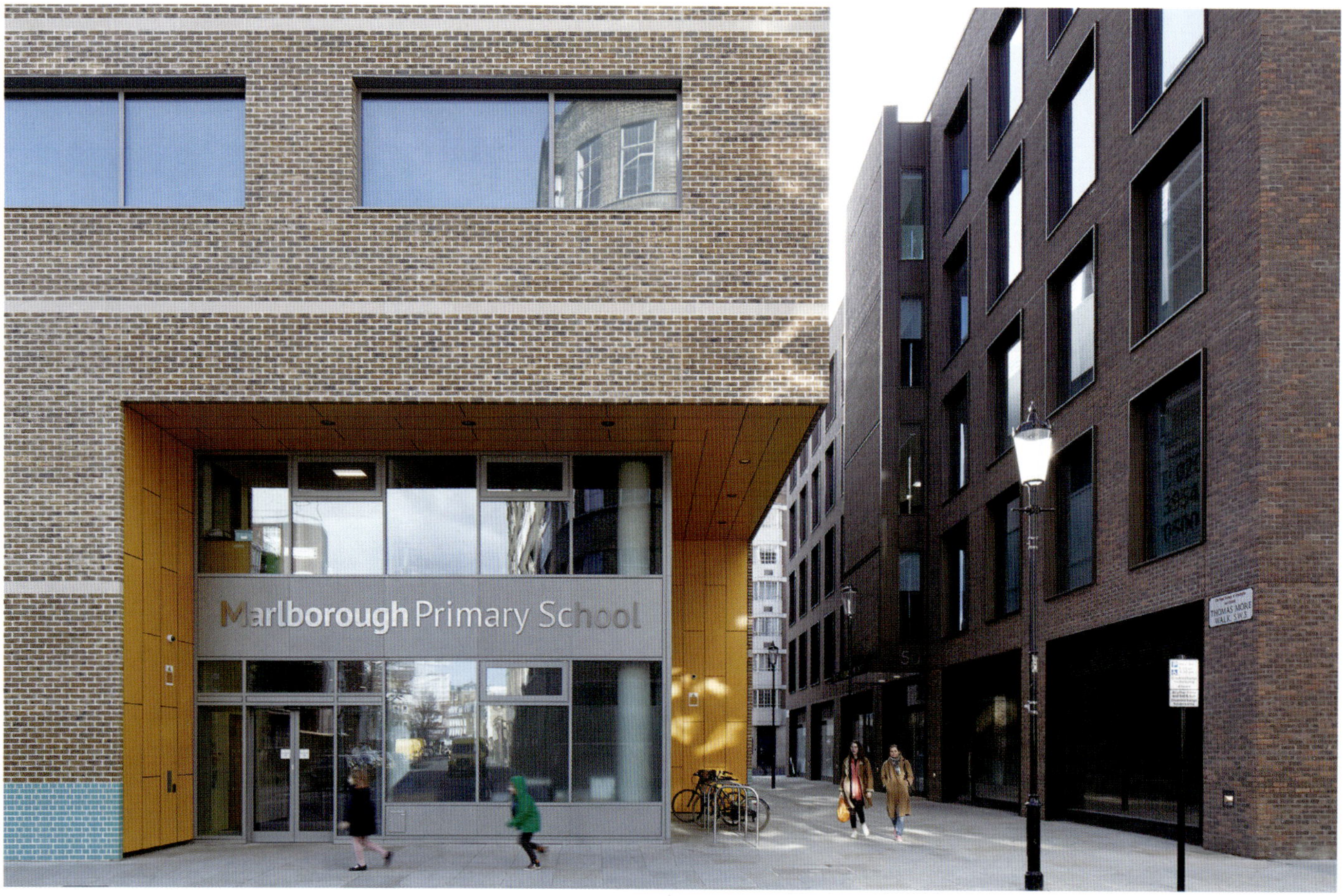

学校融合多种功能于一体，包括一个更大小学、一个托儿所和一个孤独症中心（总共458名学生）。许多家庭居住在当地社区，学校鼓励儿童步行或骑车上下学，并在操场入口处为自行车和踏板车提供了有遮挡的停车场。穿过学校场地的新建人行通道起到了补充作用，提供了便利性。

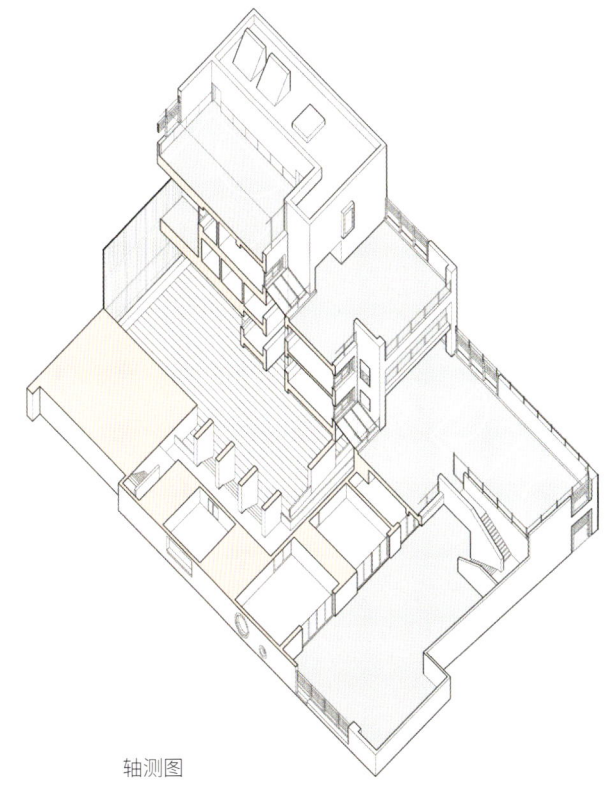

轴测图

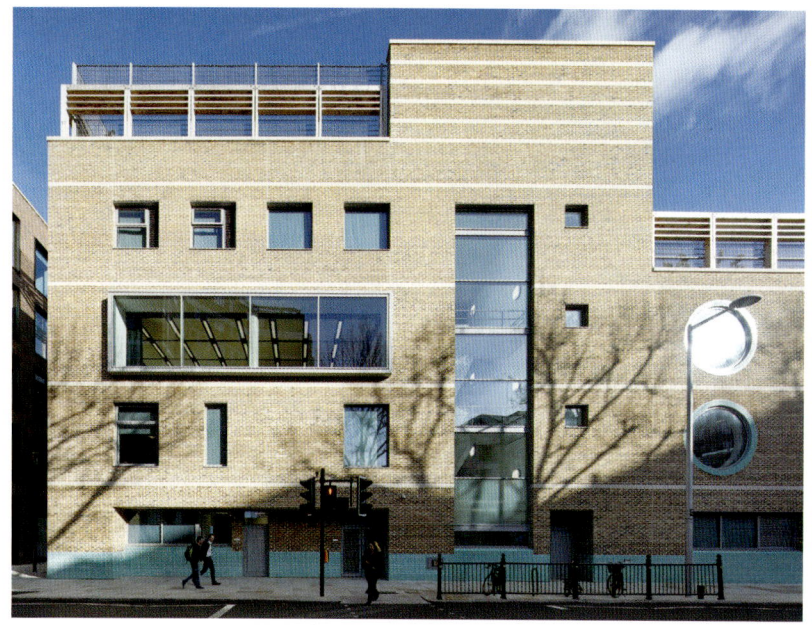

这一重建计划需要与当地规划局进行广泛对话。设计的目的是确保拟建的体量和富有活力的砌体结构能够与周围环境相得益彰，绿色釉面砖和圆形窗户参考了附近的米其林多色住宅。与维多利亚时代的学校形成对比的是，新建建筑通过一个友好的社区入口和操场大门使其与周围环境实现连通。另外，学校还开设一系列的课外活动，以帮助双职工父母的家庭。同时，学校也面向公众开放，包括会议设施、芭蕾课堂和 5 人足球俱乐部等。

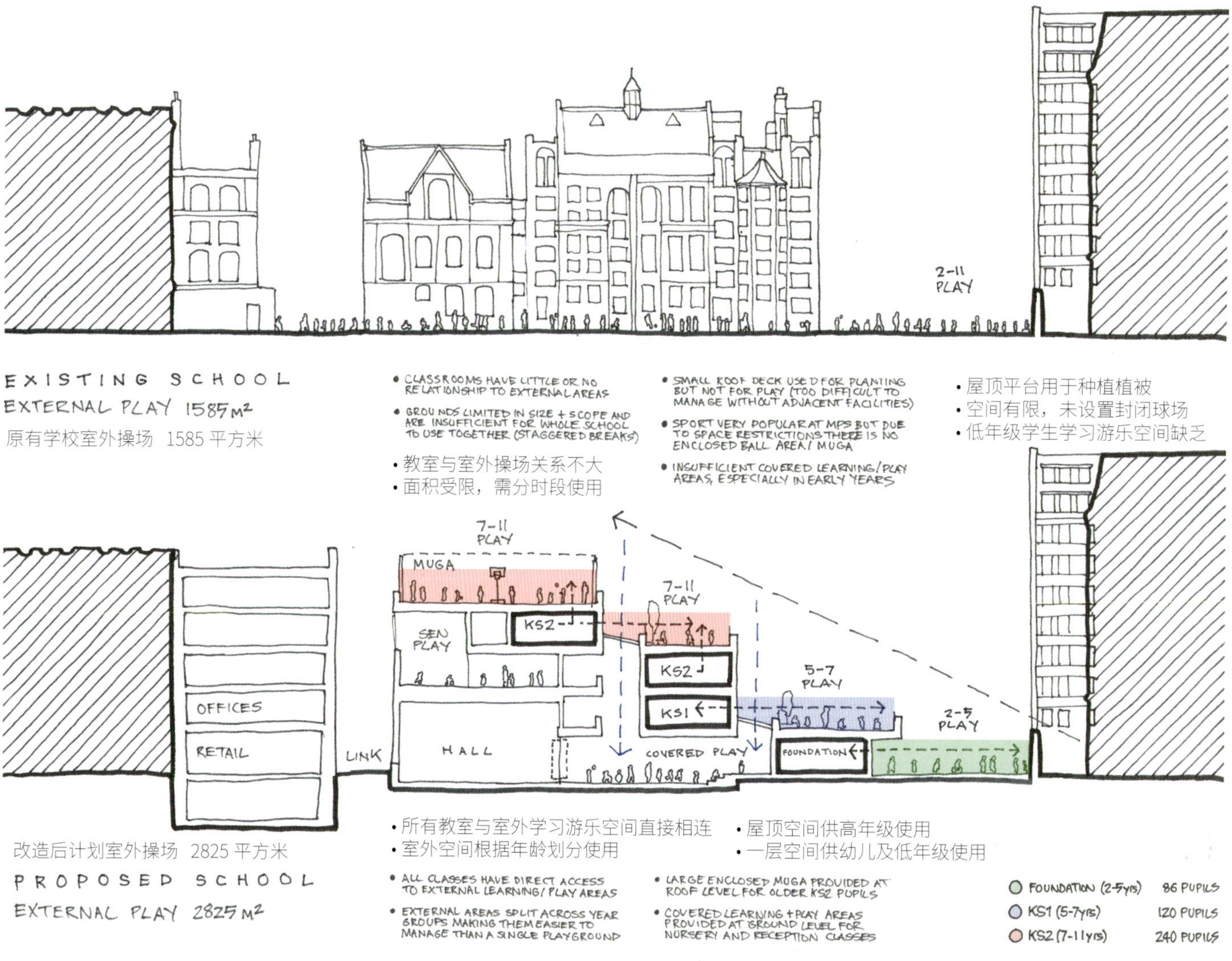
2-11 PLAY
EXISTING SCHOOL
EXTERNAL PLAY 1585m²
原有学校室外操场 1585 平方米
• CLASSROOMS HAVE LITTLE OR NO RELATIONSHIP TO EXTERNAL AREAS
• GROUNDS LIMITED IN SIZE + SCOPE AND ARE INSUFFICIENT FOR WHOLE SCHOOL TO USE TOGETHER (STAGGERED BREAKS)
• 教室与室外操场关系不大
• 面积受限，需分时段使用
• SMALL ROOF DECK USED FOR PLANTING BUT NOT FOR PLAY (TOO DIFFICULT TO MANAGE WITHOUT ADJACENT FACILITIES)
• SPORT VERY POPULAR AT MPS BUT DUE TO SPACE RESTRICTIONS THERE IS NO ENCLOSED BALL AREA / MUGA
• INSUFFICIENT COVERED LEARNING/PLAY AREAS, ESPECIALLY IN EARLY YEARS
• 屋顶平台用于种植植被
• 空间有限，未设置封闭球场
• 低年级学生学习游乐空间缺乏
7-11 PLAY
MUGA
SEN PLAY
KS2
7-11 PLAY
KS2
5-7 PLAY
KS1
2-5 PLAY
OFFICES
RETAIL
LINK
HALL
COVERED PLAY
FOUNDATION
改造后计划室外操场 2825 平方米
PROPOSED SCHOOL
EXTERNAL PLAY 2825m²
• 所有教室与室外学习游乐空间直接相连
• 室外空间根据年龄划分使用
• ALL CLASSES HAVE DIRECT ACCESS TO EXTERNAL LEARNING/PLAY AREAS
• EXTERNAL AREAS SPLIT ACROSS YEAR GROUPS MAKING THEM EASIER TO MANAGE THAN A SINGLE PLAYGROUND
• 屋顶空间供高年级使用
• 一层空间供幼儿及低年级使用
• LARGE ENCLOSED MUGA PROVIDED AT ROOF LEVEL FOR OLDER KS2 PUPILS
• COVERED LEARNING + PLAY AREAS PROVIDED AT GROUND LEVEL FOR NURSERY AND RECEPTION CLASSES
FOUNDATION (2-5yrs) 86 PUPILS
KS1 (5-7yrs) 120 PUPILS
KS2 (7-11yrs) 240 PUPILS

概念草图

205

在这一受限的城市场地上提供高质量的户外学习和游戏区域是设计师面临的又一挑战。景观设计提供了多种多样的环境,将自然融入城市之中,也促进了学生进行锻炼和运动的意愿。种植和生物多样性战略旨在最大限度地创造栖息地和物种多样性的机会,如栽种当地果树和打造薰衣草花园、温室种植园等。

当地政府要求建造一所能够满足可持续发展需求的学校,提供适合21世纪学习和工作的设施。为此,设计采用低耗能被动式方法,以减低运作成本及减少日后维修的需要。教室沿着层叠的屋顶平台布置,达到自然通风的效果。地板到天花板的高度满足被动式单侧通风需求的同时,也允许日光实现最大限度照射,从而减少了内部人工照明的需求。教室外墙以裸露的混凝土拱腹为特色,以利用上部结构热质量固有的被动冷却优势。高质量的坚固砖石结构增加建筑使用寿命,而高性能的外墙围护结构减少了供暖需求和二氧化碳排放。原有建筑的砖块被回收再利用,一些具有历史意义的结构和牌匾被重新运用到建筑立面上,达到了保护文化遗产的目的。

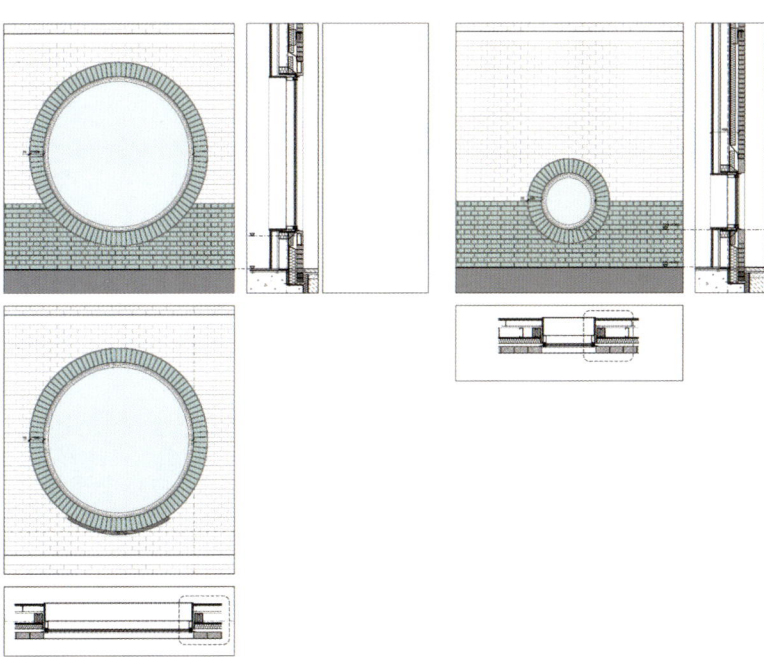

窗户节点图

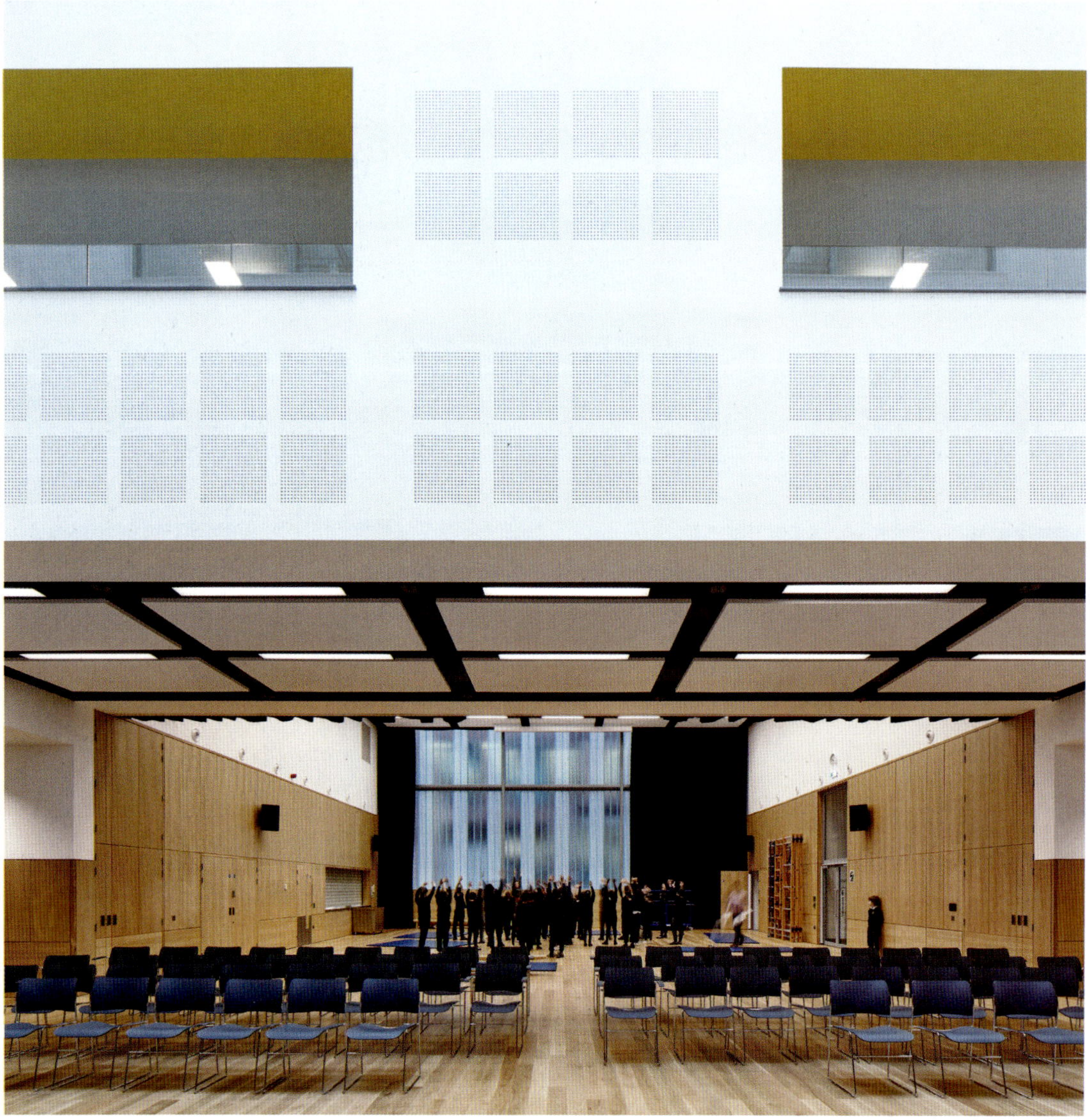

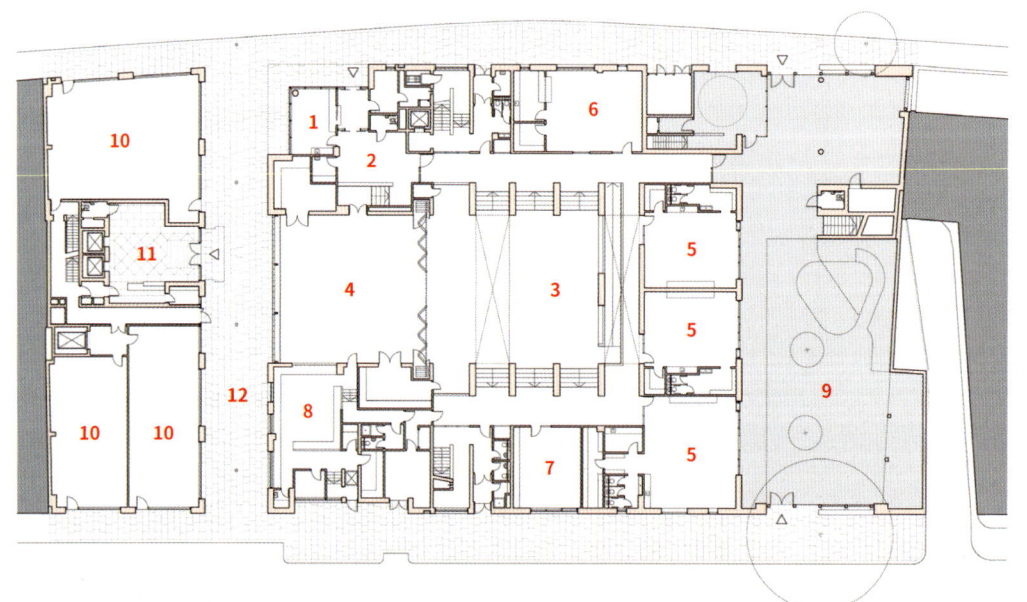

一层平面图
1. 主接待台
2. 入口大厅
3. 多功能区
4. 大厅
5. 教室（3～5岁学生）
6. 交流室
7. 辅助空间
8. 厨房
9. 室外操场及学习空间
10. 零售空间
11. 办公区
12. 人行道连廊

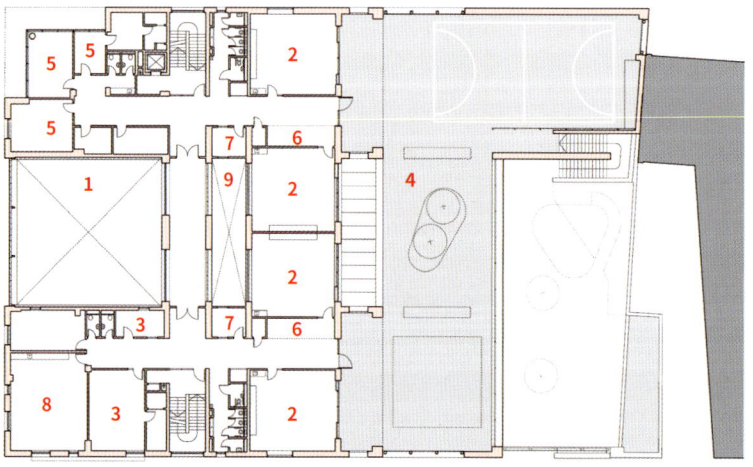

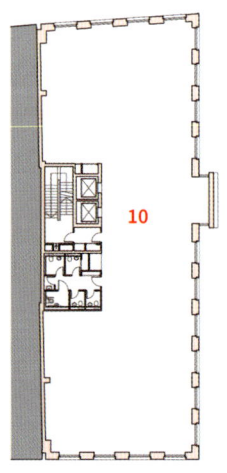

二层平面图

1. 主厅
2. 教室（5～7岁学生）
3. 辅助空间
4. 室外操场和学习空间
5. 员工办公区
6. 共享学习空间
7. 学生休息室
8. 教师办公室
9. 中庭
10. 办公室

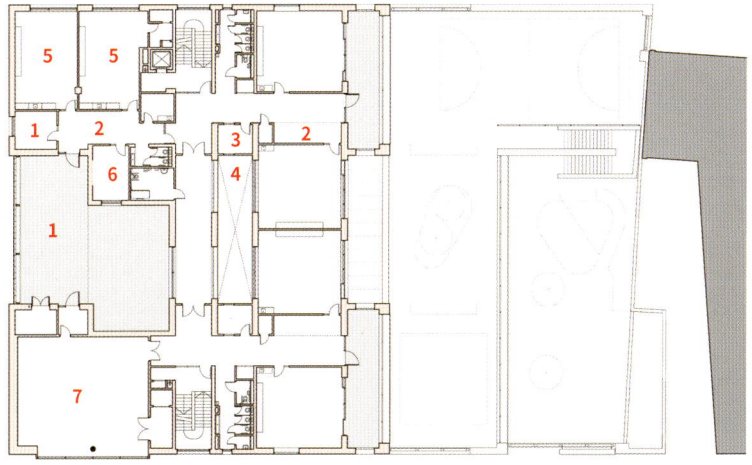

三层平面图
1. 室外操场和学习空间
2. 共享学习空间
3. 学生休息室
4. 中庭
5. 孤独症学生教室
6. 孤独症学生教室辅助空间
7. 舞蹈室

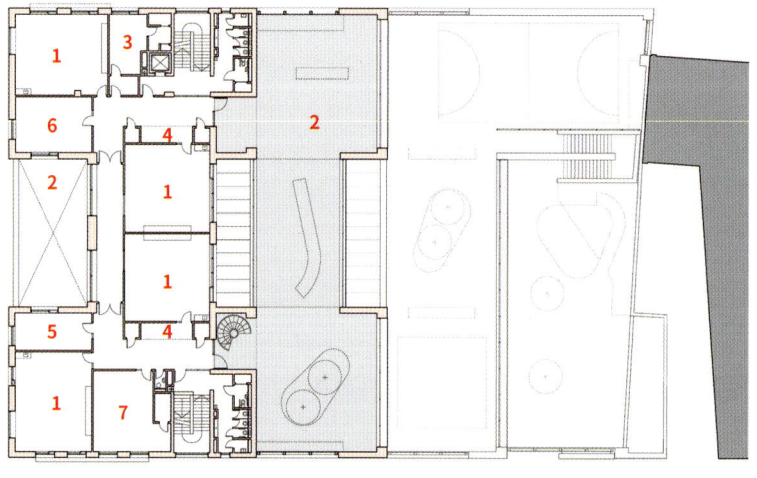

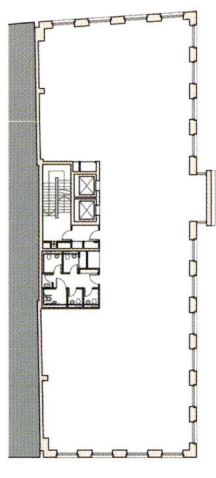

四层平面图

1. 教室（9～11岁学生）
2. 室外操场和学习空间
3. 员工办公区
4. 共享学习空间
5. 学生休息室
6. 图书室
7. 多媒体室

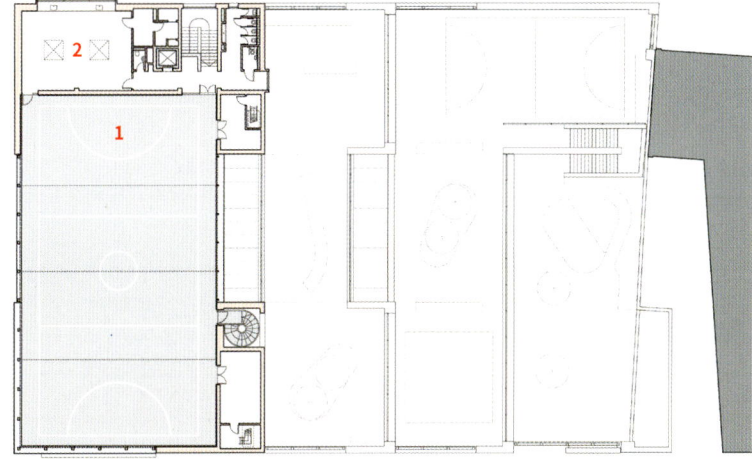

五层平面图
1. 室外操场和学习空间
2. 艺术室

建筑面积：3400 平方米
项目地点：西班牙，巴塞罗那
建筑设计：b720 建筑师事务所
摄影师：西蒙·加西亚

法语学校
——实现了历史与现代对话的场所

项目概况

现有学校是由 20 世纪早期两座别墅周围的临时建筑经过多年扩建而来。新建筑实现了历史与现代的对话，并在原有建筑之间建立了视觉和功能上的联系——门廊不仅为在恶劣天气时行驶的人们提供遮风挡雨的基本功能，更为人们的交流活动提供了便利之所。

在建筑形式的处理上采用了非常巧妙的方式，设计师并未完全对历史样式进行模仿，而是通过采用部分圆角结构来构筑与历史的关联。大型中央庭院等空间被保留下来。

建筑外观采用竖向板材结构打造，每一块板材的位置、朝向以及与邻近板材的间距都经过仔细研究测算，已实现最大程度的遮光作用，同时注重绿色节能等细节，延长其建筑寿命。此外，恰到好处的色彩和比例处理实现了功能和美感的对话，这也是业主对该项目的要求。

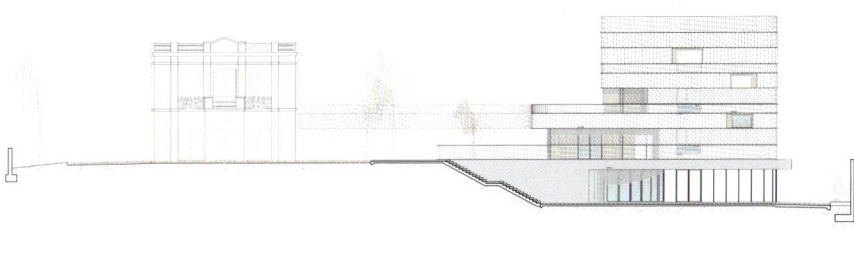

立面图

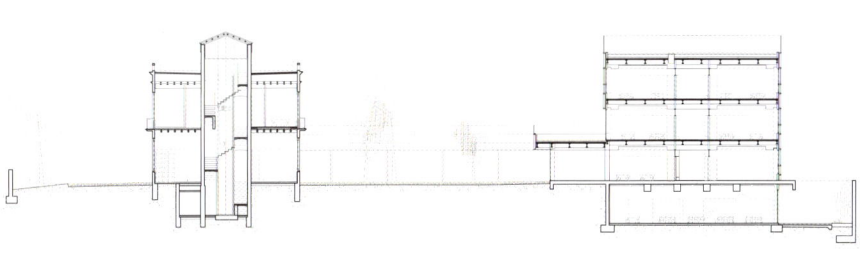

剖面图

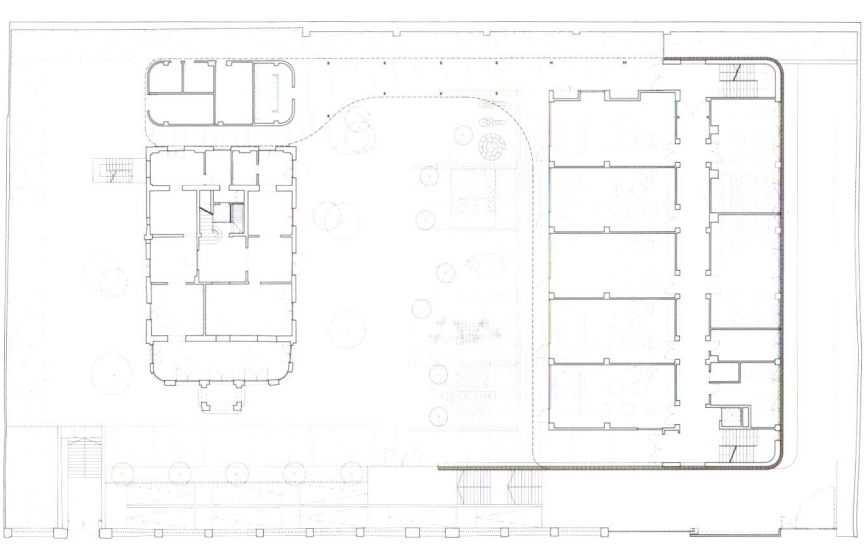

一层平面图

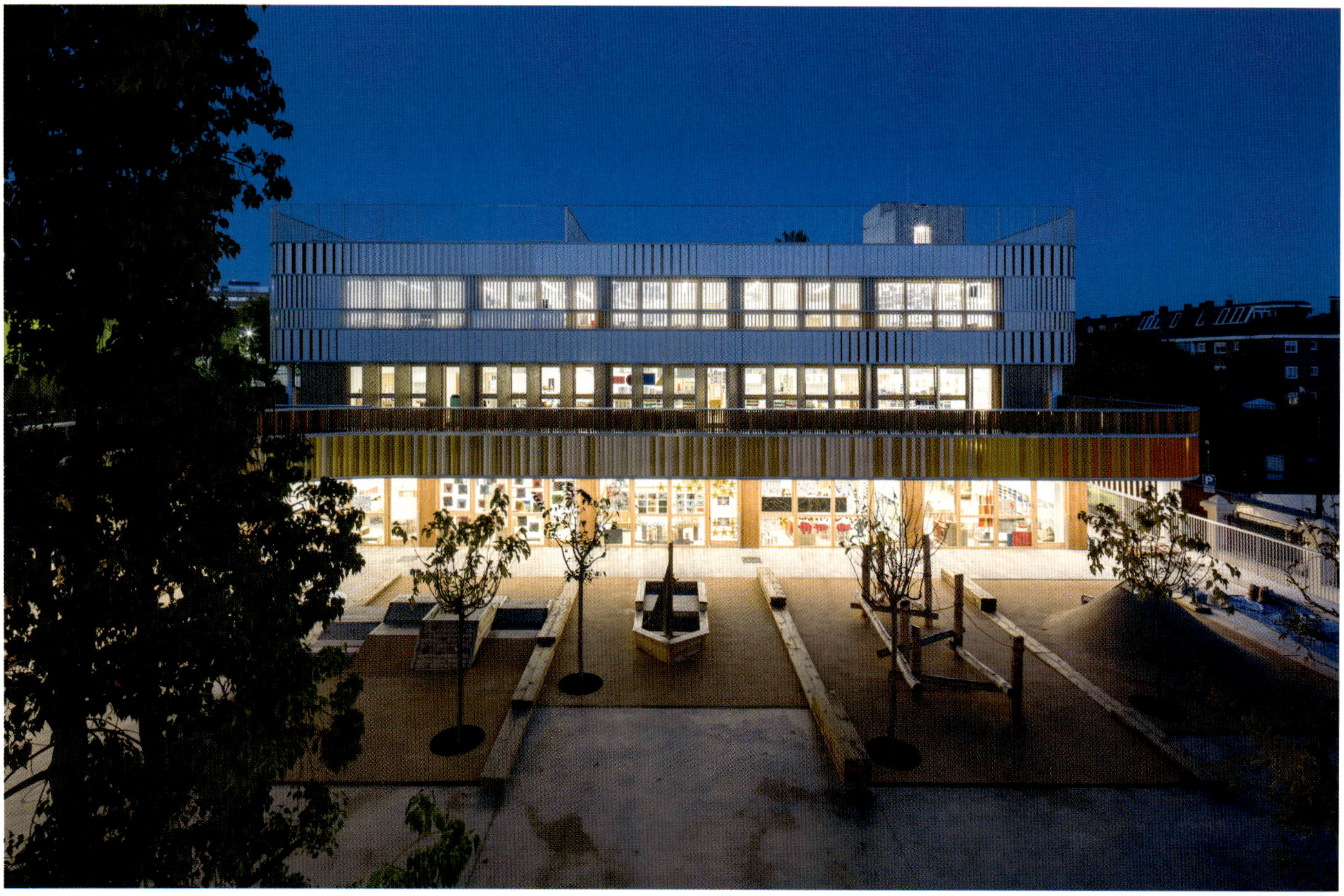

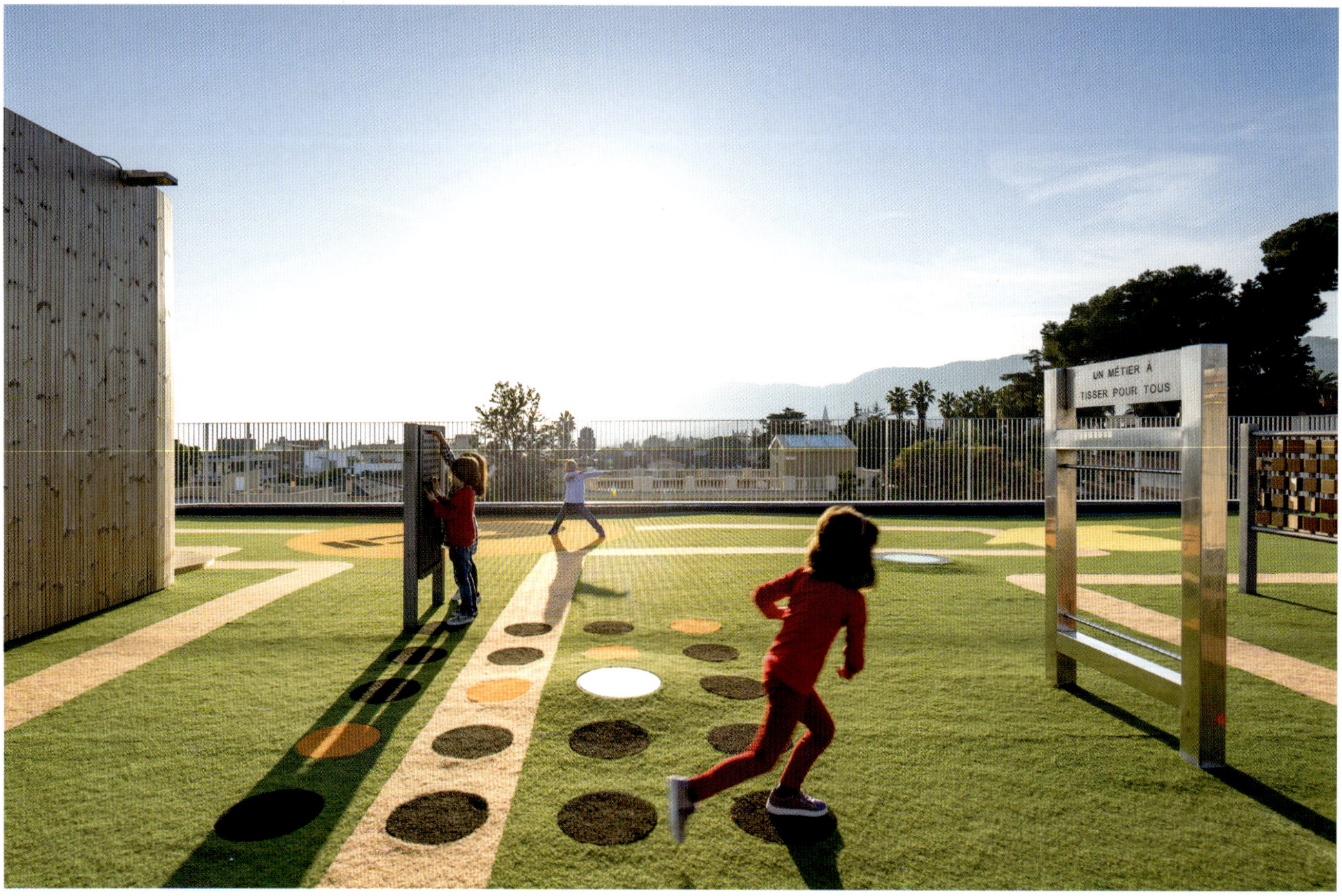
UN MÉTIER À
TISSER POUR TOUS

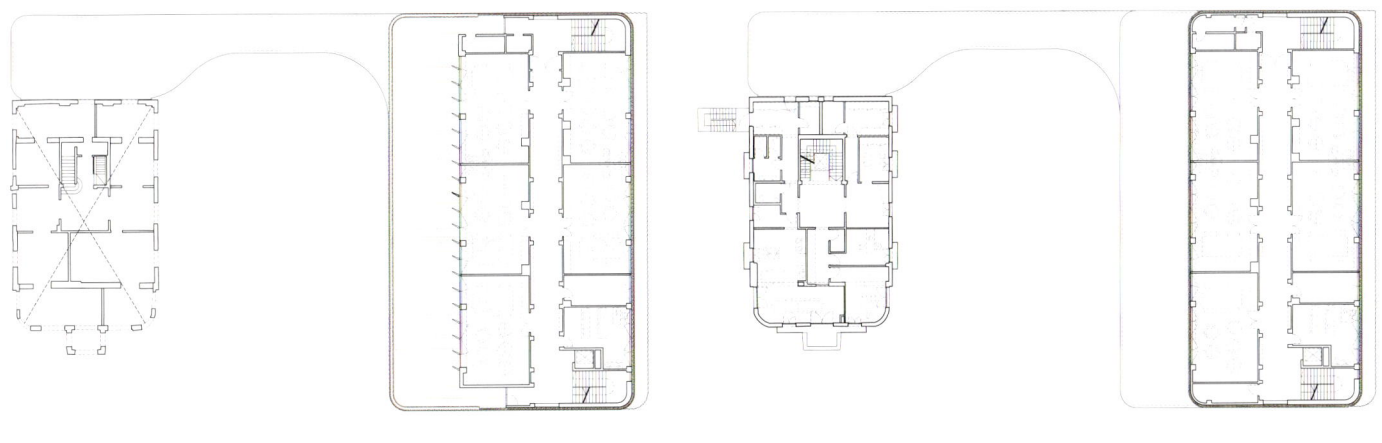

二层平面图　　　　　　　　　　　　　　　三层平面图

新建筑共为四层。半地下室利用了花园（操场）和街道之间的不均匀性，创造了一个部分被遮盖的直接通道，一个家长和孩子的室外等候区。从这里可以通过楼梯和坡道进入新学校和外部花园。教室位于三层以上。新建筑用于布置所有教室，而公共空间，如多媒体室、图书馆、音乐室和办公区则规划在修缮之后的别墅内。

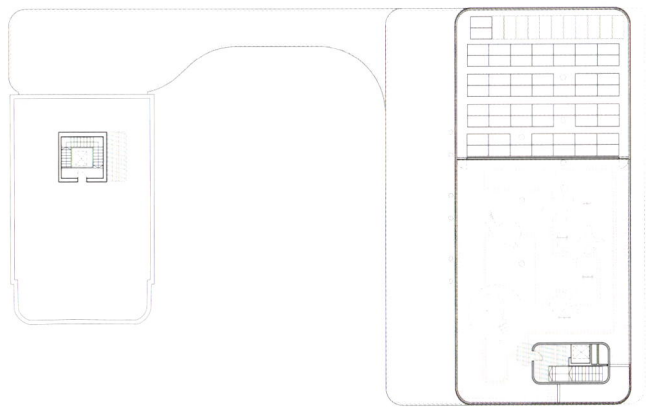

四层平面图

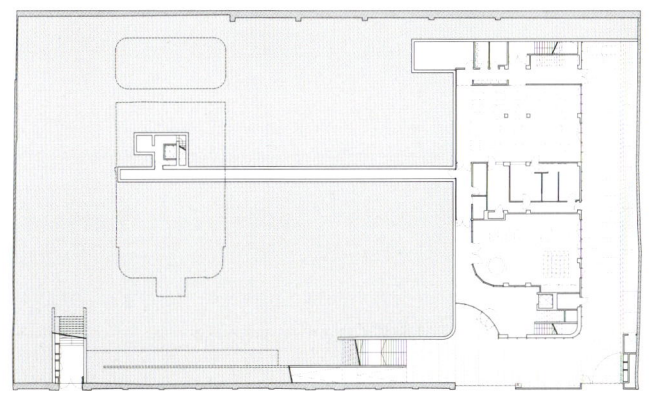

五层平面图

图书在版编目（CIP）数据

教育建筑规划与设计：中小学．1／陆金明编．—沈阳：辽宁科学技术出版社，2021.4
 ISBN 978-7-5591-1757-1

Ⅰ．①教… Ⅱ．①陆… Ⅲ．①中小学－教育建筑－建筑设计－案例－世界 Ⅳ．① TU244.3

中国版本图书馆CIP数据核字（2020）第173042号

出版发行：辽宁科学技术出版社
      （地址：沈阳市和平区十一纬路25号 邮编：110003）
印 刷 者：上海利丰雅高印刷有限公司
经 销 者：各地新华书店
幅面尺寸：210毫米×265毫米
印   张：14
插   页：4
字   数：280千字
出版时间：2021年4月第1版
印刷时间：2021年4月第1次印刷
责任编辑：鄢 格 张昊雪
封面设计：关木子
版式设计：关木子
责任校对：韩欣桐

书   号：ISBN 978-7-5591-1757-1
定   价：228.00元

联系电话：024-23280070
邮购热线：024-23284502
http://www.lnkj.com.cn

索引

A
ABLM arquitectos

B
b720 FermínVázquezArquitectos

C
C.F. Møller Architects

D
Dixon Jones & Paul Jolly

F
FAX ARCHITECTS

G
gad

GLA

H
Henning Larsen

J
JJW Architects

L
LYCS Architecture

M
MIKAMI Architects

P
PAN-CHINA Group

S
Studio Twenty Seven Architecture

T
Tao Zhi Studio

W
Way Design (Beijing) Limited

Z
ZHUBO-AAO